Werkstattbücher

Für Betriebsfachleute
Konstrukteure und Studenten

Herausgeber:
H. Determann W. Malmberg H. Rattay

R. Eschelbach

31 Das Gesenkformen I

Technologie
Formstückgestaltung
Schmiedebetrieb

4. völlig neubearbeitete Auflage
des früher von H. Kaessberg unter dem Titel
„Gesenkschmieden von Stahl I"
bearbeiteten Heftes

Springer-Verlag
Berlin Heidelberg New York 1970

Herausgeber-Kollegium der Werkstattbücher

Dr.-Ing. Hermann Determann, Schulbehörde Hamburg

Dipl.-Ing. Werner Malmberg, Technisches Vorlesungswesen Hamburg

Prof. Dipl.-Ing. Dr. Helmut Rattay, Hamburg

Verfasser dieses Heftes

Dr.-Ing. Rudolf Eschelbach, Duisburg

Inhaltsverzeichnis

ISBN-13: 978-3-540-05035-3   e-ISBN-13: 978-3-642-99988-8

DOI: 10.1007/978-3-642-99988-8

Vorwort

Die zwischen der 3. und 4. Auflage liegende Zeit brachte bei der raschen Entwicklung der gesamten Technik auch für das Gesenkformen eine so große Zahl neuer Erkenntnisse in wissenschaftlicher wie betrieblicher Sicht, daß eine völlige Überarbeitung dieses Buches notwendig wurde. Das gilt ganz besonders für die Arbeiten, die in der 1950 an der Technischen Hochschule Hannover errichteten Forschungsstelle für Gesenkschmieden durchgeführt wurden.

Das Werkstattbuch „Gesenkformen I" soll in erster Linie die Lernenden, nämlich Studenten, Lehrlinge und Praktikanten, aber auch die Techniker, Konstrukteure und Ingenieure anderer Fachgebiete ansprechen, soweit sie sich mit Gesenkschmiedestücken befassen. In großen Zügen sollen sie in die gesamte technisch wichtige Problematik des Gesenkschmiedens eingeführt werden. Dem eigentlichen Schmiedefachmann stehen umfangreichere Werke wie auch die Forschungsergebnisse in- und aus ländischer Stellen zur Verfügung. Fragen, die die Werkzeuge, sowohl Formgesenke als auch die Abgratwerkzeuge, betreffen, werden in dem Werkstattbuch Heft 58 „Gesenkformen II" ausführlich behandelt. Hier wird auf die Gesenkwerkstoffe, die Gesenkformen und ihre Herstellung sowie auch die der Abgratgesenke eingegangen.

Durch die vorliegenden, als Einführung in das Gesenkformen gedachten Ausführungen soll die Verbindung zwischen dem Verbraucher und Hersteller von Schmiedestücken geschaffen und vertieft werden.

Für die zahlreichen Anregungen sowie die Unterstützung, die ihm seitens erfahrener Fachleute zuteil geworden ist, dankt der Verfasser, der nach langjähriger Industrietätigkeit über 20 Jahre an der Staatlichen Ingenieurschule Duisburg das Lehrfach Schmiedetechnik betreute.

I. Allgemeines zum Gesenkformen

1. Geschichtliches. Soweit die Geschichte der Menschheit reicht, dürfte das Schmiedehandwerk eine der ältesten menschlichen Tätigkeiten sein. Wenn auch vornehmlich das sogenannte Freiformschmieden in weitgehendem Maße ausgeübt wurde, so ist es doch eine irrige Annahme, daß das Gesenkformen erst jüngeren Datums, nämlich eine Erfindung des 19. Jahrhunderts, sei.

Schon 1500 v. Chr. wurden Edelmetallbleche zu Schmuckzwecken in einseitigen Steingesenken profiliert. Seit 700 v. Chr. fand die Münzprägung in Amboßgesenken statt. Im 15. Jahrhundert n. Chr. wurde die Spindelpresse zum Prägen verwendet, und im 17. Jahrhundert wurden kleinere, jedoch in größerer Zahl herzustellende Teile unter dem Fallhammer geformt. Das 18. Jahrhundert leitete mit der Entwicklung der Maschinentechnik die Industrialisierung ein. Man verlangte immer größere Stückzahlen gleicher Art und damit auch eine gleichmäßigere Formgebung. Zahlreiche Vorschläge, wie auch Patente, führten dazu, daß zu Anfang des 19. Jahrhunderts die mechanischen Elemente des Gesenkformens, wie Gesenke, Schneidwerkzeuge zur Gratentfernung, Fallhämmer, Spindelpressen und spanende Fertigungsmethoden, wie sie heute üblich sind, eingesetzt wurden. In den letzten hundert Jahren, ganz besonders aber seit dem 2. Weltkriege, wurden nicht nur die Hämmer und Pressen verbessert, sondern auch durch Mechanisierung und Automatisierung wesentliche Fortschritte erzielt.

2. Wirtschaftliches. Die Gesenkschmiede-Industrie stellt mit ihren zahlreichen größeren und kleineren Betrieben einen wichtigen Faktor in der Gesamtwirtschaft der Bundesrepublik dar. Es handelt sich dabei nicht nur um die Abnahme eines beachtlichen Prozentsatzes der bundesdeutschen Stahlerzeugung zur Herstellung der Schmiedestücke, sondern auch um die Abnahme von hochwertigem Stahl für Gesenke und Abgratwerkzeuge. Hinzu kommen noch der Energieverbrauch sowie der Maschineneinsatz, vornehmlich von Hämmern und Pressen und der Verbrauch von Hilfsstoffen. In der Höhe der Gesamtproduktion spiegelt sich wie bei vielen anderen Industriezweigen der wirtschaftliche Auf- bzw. Abstieg wieder.

Die allgemeinen marktpolitischen Ursachen für diese Bewegung liegen in der Nachfrage nach Gesenkschmiedestücken. Hierbei steht die Fahrzeugindustrie (PKW, LKW, Traktoren, Sonderfahrzeuge und Fahrräder) mit rund $^2/_3$ der Gesamtproduktion an erster Stelle. Der Maschinenbau benötigt etwa 10%. Bergbau und Bundesbahn, bei früher größerem Bedarf, sind heute nur noch mit knapp 8% beteiligt. Schiffbau und Flugzeugindustrie sind seit Jahren mit 1,3% Abnehmer von Gesenkschmiedeteilen. Rund 20% entfallen auf sonstige Abnehmer.

Die Gewichte der Einzelteile bewegen sich von wenigen Gramm bis zu mehreren Tonnen. Während bei Stahl die Längen und Durchmesser begrenzt sind, lassen sich bei Leichtmetallen Teile bis zu etwa 10 m Länge und Räder bis zu 1,5 m Durchmesser pressen.

Bei dem diesen umformenden Verfahren eigenen beschränkten Abfall können gegenüber den spanenden Verfahren Kosten eingespart werden. Infolge der Möglichkeit des Fügens einfacher Teile mittels moderner Schweißverfahren sind auch komplizierte Konstruktionen durchführbar. Für genügend große Stückzahlen, wie sie z. B. heute bei der Fertigung von Kraftfahrzeugteilen gegeben sind, lassen sich die Umformvorgänge weitgehend automatisieren. Das „Genauschmieden" gestattet so enge Toleranzbereiche einzuhalten, daß eine spanende Nacharbeit meist nicht mehr erforderlich ist. So dürfte auch eine geringere Stückzahl rationell, und maßgenau geschmiedet, außerdem werkstofflich höchst beanspruchbar, der Schmiedeindustrie neue Gebiete (Raumfahrt, Reaktorbau u. a.) neben den bisherigen eröffnen.

Internationale Gesenkschmiedetagungen führen zu engeren Kontakten und damit zur Lösung gemeinschaftlicher Aufgaben wie Forschung, Entwicklung und Einführung neuer Fertigungsverfahren, Normung, Arbeitsstudien, Arbeitsschutz, Nachwuchsausbildung u. a.

3. Das Gesenkformen im Rahmen der genormten Fertigungsverfahren. Nach DIN 8580 gliedern sich sämtliche Verfahren der *Fertigungstechnik* in die folgenden Hauptgruppen[1]:

---

[1] Die verschiedenen Definitionen, Gliederungen und Begriffe der Fertigungsverfahren sind den dabei angegebenen DIN-Normen entnommen. Maßgebend sind jeweils nur die neuesten Ausgaben der DIN-Blätter, die von der Beuth-Vertrieb GmbH, 1 Berlin 30 und 5 Köln, zu beziehen sind.

*1. Urformen, 2. Umformen, 3. Trennen, 4. Fügen, 5. Beschichten,
6. Stoffeigenschaft ändern.*

Das *Gesenkformen* zählt zu der Hauptgruppe 2: *Umformen*. Man versteht unter Umformen ein Fertigen durch bildsames (plastisches) Ändern der Form (Gestalt) eines festen Körpers. Dabei werden sowohl die Masse als auch der Zusammenhalt beibehalten.

Die zur *Umformtechnik* zählenden *Fertigungsverfahren* werden in Abhängigkeit von den jeweiligen Werkstoffeigenschaften bei verschiedenen Temperaturen ausgeführt. Dabei ist es für den Vorgang und für die Werkstoffeigenschaften von Bedeutung, ob das Werkstück vor dem Umformen über die übliche Raumtemperatur hinaus erwärmt wird oder nicht. In beiden Fällen kann eine nach dem Vorgang feststellbare, bleibende Festigkeitsänderung oder eine nur vorübergehende Festigkeitsänderung während des Vorgangs eintreten. Mit Hilfe dieser Merkmale lassen sich die Umformverfahren in folgender Weise unterscheiden:

Umformen nach Wärmen (Warmumformen),
Umformen ohne Wärmen (Kaltumformen),

Umformen ohne Festigkeitsänderungen,
Umformen mit vorübergehender Festigkeitsänderung,
Umformen mit bleibender Festigkeitsänderung.

Diese Vorgänge und andere werden bei zahlreichen Umformverfahren, die die Änderung der Form zum Hauptzweck haben, auch bewußt zum Ändern der Stoffeigenschaft genutzt. Ist das letztere der Hauptzweck und die Änderung der Form nicht nennenswert, so wären die Verfahren unter der Hauptgruppe 6 „Stoffeigenschaftändern" einzuordnen.

Bei der weiteren Einteilung der Fertigungsverfahren der Hauptgruppe 2 „*Umformen*" geht man nach DIN 8582 von den wirkenden Kräften aus und unterscheidet die folgenden Gruppen:

2.1 *Druckumformen* (DIN 8583 Bl. 1 bis 6),
2.2 *Zugdruckumformen* (DIN 8584 Bl. 1 bis 6),
2.3 *Zugumformen* (DIN 8585 Bl. 1 bis 4),
2.4 *Biegeumformen* (DIN 8586),
2.5 *Schubumformen* (DIN 8587).

In dieser Gruppierung zählt das *Gesenkformen* der Art der wirkenden Kräfte nach zu der Gruppe 2.1 „*Druckumformen*". Man versteht unter Druckumformen ein Umformen eines festen Körpers, wobei der plastische Zustand im wesentlichen durch ein- oder mehrachsige Druckbeanspruchung herbeigeführt wird. Die weitere Gliederung der *Druckumformverfahren* nach DIN 8583 Bl. 1 bis 6 lautet:

Walzen (Längswalzen, Querwalzen, Schrägwalzen)
Freiformen ⎫
              ⎬ weitere Unterteilung vgl. Tab 1, S. 6
Gesenkformen ⎭
Eindrücken (mit geradliniger oder umlaufender Bewegung)
Durchdrücken (*Verjüngen, Strangpressen, Fließpressen*).

Die für die Schmiedetechnik wichtigsten Untergruppen *Freiformen* und *Gesenkformen* sind gesondert und vollständig herausgestellt in der Tab. 1.

Als *Gesenkformen* bezeichnet man ein *Druckumformen* mit gegeneinander bewegten Formwerkzeugen (*Gesenken*), die das Werkstück ganz oder zu einem wesentlichen Teil umschließen und dessen Form enthalten (abformende Gestalterzeugung). Die Durchführung von *Gesenkformverfahren* schließt die Anwendung

Tabelle 1. *Fertigungsverfahren der Untergruppen „Freiformen" und „Gesenkformen"*
nach DIN 8583 Bl. 3 u. 4

Untergruppen	Fertigungsverfahren		
2.12 Freiformen DIN 8583 Bl. 3	2.121 Recken	Absetzen durch Recken	
	2.122 Rundkneten	Anspitzen	
	2.123 Breiten		
	2.124 Stauchen	Flachprägen	Maßprägen Glattprägen
		Anstauchen	Elektroanstauchen
	2.125 Treiben		
	2.126 Schweifen		
	2.127 Dengeln		
2.13 Gesenkformen DIN 8583 Bl. 4	2.131 Gesenkformen mit teilweise umschlossenem Werkstück	Formrecken	
		Rechstauchen	
		Formrundkneten	
		Schließen im Gesenk	
		Formstauchen	
	2.132 Gesenkformen mit ganz umschlossenem Werkstück	Anstauchen im Gesenk	
		Formpressen ohne Grat	Setzen Vollprägen
		Formpressen mit Grat	
		Gesenkdrücken	

einer ganzen Reihe anderer Verfahren aus anderen Untergruppen, Gruppen oder auch Hauptgruppen mit ein. So werden die Ausgangsformen als Blöckchen oder Spaltstücke durch *Trennen* gewonnen und gegebenenfalls durch *Walzen* oder *Freiformen* vorgeformt. Nach dem Fertigformen im Gesenk schließen sich dann je nach Bedarf wieder Verfahren des *Trennens* (*Abgraten*) oder der *Änderung von Stoffeigenschaften* an (*Glühen, Vergüten* o. ä.), eventuell auch ein *Biege-umformen* oder ein *Schubumformen* durch *Verdrehen* (z. B. bei Kurbelwellen).

Ob man beim Umformen warm oder kalt arbeitet, ergibt sich aus dem Bearbeitungszweck. Bei der *Warmumformung* lassen sich größere Querschnitte mit kleineren Kräften umformen, wobei es jedoch zur Zunderbildung kommen kann. *Kaltumformungen* bewirken bei geringen Formänderungen Verbesserungen der Oberflächenbeschaffenheit, die Einhaltung engerer Toleranzen, führen andererseits aber zu einer Festigkeitssteigerung, die unter Umständen die Gesenke gefährdet. Nach einem Zwischenglühen bei Rekristallisationstemperatur werden durch Kristallneubildungen diese Erscheinungen beseitigt. Dies gilt allgemein für alle Metalle.

Das *Schmieden* stellt nach den Verfahrensbegriffen der Normen keinen einzelnen Verfahrensbegriff mehr dar, sondern ist zu einem Sammelbegriff mehrerer, überlieferter Verfahren geworden. Die Entwicklung der *Umformtechnik* führte zu einer größeren Reihe von neuen Verfahren, die handwerklich gar nicht durchführbar sind, sondern sich moderner Maschinen bedienen. Die Schmiedebetriebe übernahmen diese Einrichtungen (z. B. Reckwalzen) einerseits, andererseits stellte man ausgesprochene Schmiedemaschinen wie Stauchpressen in einen Fertigungsfluß (z. B. Trennen, Umformen, Spanen) und kann hier nicht mehr in räumlichem Sinne von einer Betriebsabteilung „Schmiede" sprechen. Eine Überführung des herkömmlichen „Schmiedens" in das den neueren Erkenntnissen entsprechende, weil umfassendere „Formen" scheint von der technischen Entwicklung her durchaus sinnvoll. Der Begriff „Schmied" wird auch weiterhin den Handwerker kennzeichnen und als „Schmiede" eine Ortsbezeichnung bleiben. Jedoch als Verfahrensbegriff „Schmieden" liegt heute bereits keine Eindeutigkeit der Aussage mehr vor.

Das *Gesenkformen* ermöglicht unter Ausnutzung der guten Formänderungsfähigkeit der Metalle, insbesondere von Stahl, Kupfer- und Leichtmetallegierungen, vielseitig gestaltete Werkstücke in großer Zahl wirtschaftlich zu formen. Eine wirtschaftliche Formung jedoch setzt Kenntnisse über die Bildsamkeit der Werkstückstoffe selbst, die Umformmaschinen und das bestmögliche Verfahren voraus. Trotz der beim Umformvorgang eintretenden schwierigen und verwickelten Formänderungen ist es wichtig, die Formgebungsarbeit mit einem geringstmöglichen Aufwand an Energie ablaufen zu lassen. Im Gegensatz zu anderen Druckumformverfahren, wie z. B. dem Walzen, sind die Gesetzmäßigkeiten des Gesenkformens erst seit 1950 einer wissenschaftlichen Forschung unterworfen worden.

4. Formänderungsvermögen des Werkstoffes. Die Umformung eines festen Körpers ist erst dadurch möglich, daß auf ihn einwirkende Kräfte in der Lage sind, seine ursprüngliche Form bleibend zu verändern. Diese Fähigkeit des Werkstoffs nennt man Formänderungsvermögen. Sie beruht auf dem kristallinen Aufbau der metallischen Werkstoffe, der Ausbildung von Gleitlinien und ihren Verschiebungsmöglichkeiten. Ein grobes Korn, Einschlüsse, Seigerungen und Hohlräume beeinflussen das Formänderungsvermögen nachteilig. Es ist deshalb stets zu beachten, daß gegossenes Material, wie etwa ein Rohblock, vorsichtiger zu behandeln ist als schon vorgewalztes oder vorgeschmiedetes Material. Bild 1

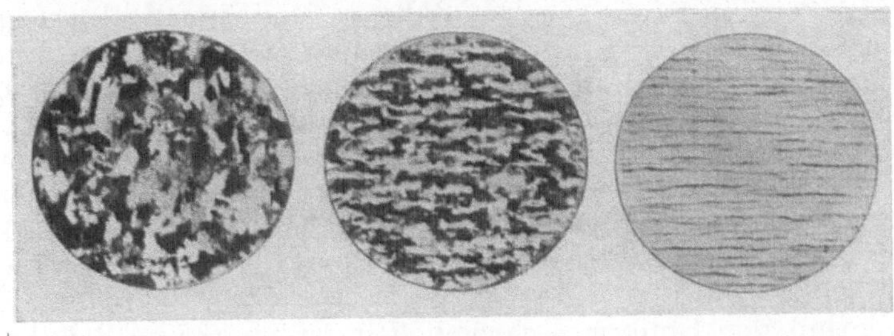

Bild 1 a—c. Gefügebeeinflussung eines Stahls durch Druckumformen.
a) Ausgangsgefüge des gegossenen Blocks (Primärstruktur; b) Gefügeverfeinerung nach geringen Formänderungen; c) Zeilengefüge (Faserstruktur) nach stärkerer Umformung.

zeigt wie das anfangs vorhandene Gußgefüge (Primärstruktur) zunächst durch geringe Formänderung beeinflußt, dann aber nach Zerstörung und Umwandlung dieser Struktur einer größeren Umformung ausgesetzt wird.

Wenn auch bei höherer Temperatur sich die Umformung leichter vollzieht, sollte doch darauf geachtet werden, daß keine Überhitzung, die leicht in eine

Verbrennung übergehen kann, auftritt. Sie bewirkt Grobkorn bzw. Kornauflockerung. Man beachte deshalb stets die von den Stahlerzeugern den verschiedenen Stählen beigegebenen Schmiedehöchsttemperaturen. Da bei sinkender Temperatur besonders unterhalb der Rekristallisationsgrenze mit einer Verfestigung zu rechnen ist, sei auch auf die vorgeschriebene Schmiedeendtemperatur hingewiesen. Für die meistgebrauchten Stähle liegen die Grenzen zwischen 1200 und 750 °C, besser noch 1150 und 800 °C. Genaue Angaben finden sich in den DIN-Normen oder den Stahleisen-Werkstoffblättern.

Um den Hohlraum (*Gravur*) in den Gesenken zu füllen, muß der Werkstoff fließen. Das Fließen ist abhängig von der Formänderungsfestigkeit und dem Fließwiderstand. Es muß der Formänderungswiderstand (k_w) = Formänderungsfestigkeit (k_f) + Fließwiderstand (k_r) sein. Die Werte werden üblich in kp/mm² angegeben.

5. Formänderungsfestigkeit des Werkstoffes. Auch die Formänderungsfestigkeit ist von verschiedenen Einflußgrößen abhängig. Diese sind Temperatur, Stahlart und Umformgeschwindigkeit (Formänderung in der Zeiteinheit). Einen Einfluß hat auch die Reibung zwischen Werkstück und Gesenk. Der Reibwert hängt von der Oberflächenbeschaffenheit des Gesenkes ab. Er beträgt bei glatten Reibflächen 0,1 bis 0,2, bei rauhen wächst er auf 0,5 an. Bild 2 zeigt die Formänderungsfestigkeit k_f eines Stahles (C 15) in Abhängigkeit von der Umformtemperatur v.

Beim Werkstoff spielt die Zunahme der Legierungsbestandteile insofern eine Rolle, als dadurch die Formänderungsfestigkeit wächst. Bei hochlegierten, warmfesten Stählen beträgt die Warmfestigkeit bei Schmiedetemperatur ein Viertel der ursprünglichen Festigkeit, während bei weichen Stählen mit einem Zehntel gerechnet werden kann. Für besondere Zwecke, wie in der Raumfahrttechnik, bei Raketen und im Reaktorbau, werden bei der schnellen technischen Entwicklung

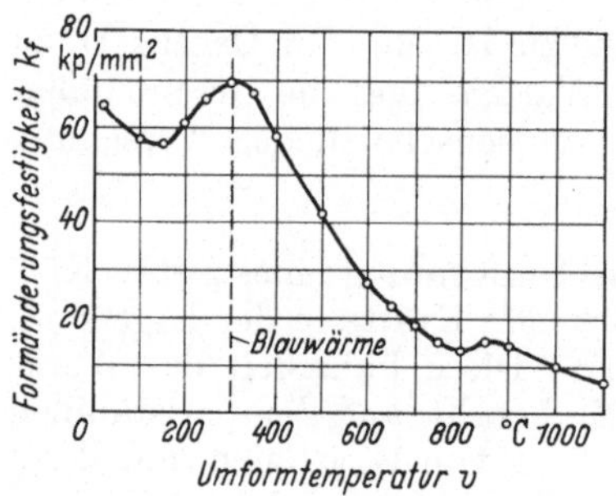

Bild 2. Formänderungsfestigkeit in Abhängigkeit von der Umformtemperatur für Stahl C15 bei einem logarithmischem Formänderungsverhältnis

$$\varphi = \ln \frac{h_1}{h_0} = 0,2 \, .$$

sowohl beim Stahl als auch bei den NE-Metallen neue, sog. exotische Stoffe[1] als Zusätze verwendet. Es sind dies Beryllium, Niob, Tantal, Titan und andere, deren Verhalten bei der Umformung noch nicht restlos ermittelt ist.

Daß die Temperatur eine wichtige Rolle spielt, beweist die Tatsache, daß bei den üblichen Stahlsorten die Formänderungsfestigkeit von der Schmiedeanfangstemperatur (1150°) bis zur Endtemperatur (800 °C) um 100 bis 150% steigt (Bild 2).

Zum Einfluß der Umformgeschwindigkeit ist zu sagen, daß bei höherer Geschwindigkeit auch die Formänderungsfestigkeit wächst. Dies ergibt sich aus dem Gleitwiderstand zwischen den Kristallebenen infolge der größeren Schubgeschwindigkeit. Andererseits fördert aber eine höhere Umformgeschwindigkeit das Fließen und Steigen.

---

[1] Der Ausdruck „exotisch" (fremdartig) wurde von Prof. em. Dr.-Ing. O. KIENZLE († 1969) geprägt, dem ersten Leiter der 1950 gegründeten Forschungsstelle Gesenkschmieden an der TH Hannover.

II. Technologie des Gesenkformens

6. Wirkungsweise und Kraftbedarf der Schmiedemaschinen. Für die Schmiedearbeit kommen verschiedene Maschinen, vornehmlich Hämmer und Pressen, zur Anwendung. Beim *Hammer* übt die lebendige Energie A des Bären einen schlagartigen Druck aus, hervorgerufen durch das Bärgewicht G und die Fallhöhe h:

$$A = G\,h\,.$$

Dies gilt für alle Hammerarten, bei denen der hochgezogene Bär im freien Fall auf das Schmiedestück auftrifft. Beim *Oberdruckhammer* erhält der Bär noch durch Dampf oder Preßluft eine zusätzliche Beschleunigung. Bei einem Kolbendurchmesser D im Zylinder und einem Druck p errechnet sich die erzeugte Energie nach der Gleichung

$$A = \frac{D^2\,\pi}{4}\,p\,h + G\,h\,.$$

Beim *Gegenschlaghammer* sind Ober- und Unterbär derart gekoppelt, daß sie sich in Ruhestellung im Gleichgewicht befinden. Im Betrieb schlagen beide in der Mitte aufeinander. Als Anhaltswerte für den Energiebedarf beim Schmieden gelten bei leichten Hämmern (1 kpm) etwa 5 kg Dampf je kg verdrängten Werkstoffes und bei 4 kpm-Hämmern 2,2 kg Dampf.

Die gewünschte Formgebungsarbeit muß die dem Bär innewohnende Energie leisten. Da sie sich erschöpft, muß der Bär durch Hochziehen wieder mit Energie geladen werden. Als Kenngröße für den Schlag dient die Stoßziffer k, sowohl für den elastischen als auch für den plastischen Schlag. Beim vollelastischen Schlag wird die gesamte Bärenergie in eine elastische Verformung des Bären und der Schabotte umgesetzt ($k = 1$). Beim plastischen Schlag wird die Energie zum Umformen des Schmiedestückes gebraucht ($k = 0$ als theoretischer Wert). Den Betriebsfall unter Berücksichtigung von Verlusten, hauptsächlich in der Schabotte zeigt Bild 3. Bei den ersten Schlägen und einem warmen Werkstück liegt k bei 0,2 bis 0,3, also nahe dem völlig plastischen Stoß. Bei den letzten, oft sehr harten Schlägen auf das schon abgekühlte Stück nähert man sich dem elastischen Stoß. k wird 0,5 bis 0,6.

Die Auftreffgeschwindigkeit des Bären liegt bei etwa 4 bis 6 m/s und gestattet so ein gutes Steigen des Werkstoffes, auch in feingegliederten Gesenken. Die Anzahl der Schläge, die der Hammer in der Minute ausführt, soll möglichst hoch sein. Über eine bestimmte Grenze jedoch hinauszugehen, bringt keine Leistungssteigerung mehr, da dann zwischen den allzu rasch folgenden Schlägen keine Zeit mehr zum Hantieren mit dem Stück bleibt.

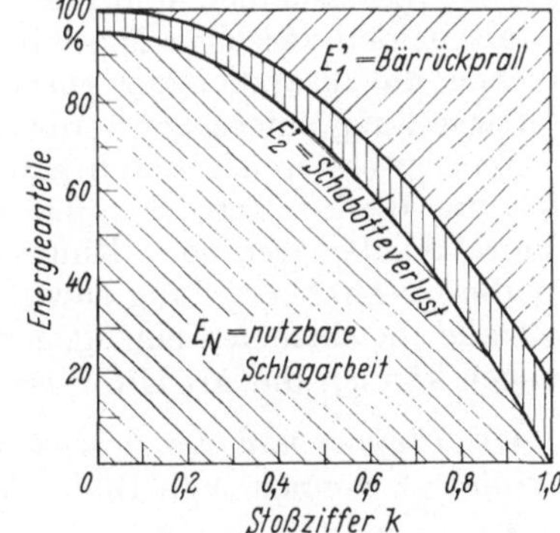

Bild 3. Energieumsetzung bei schlagender Umformung [nach HALLER: Stahl u. Eisen 60 (1949) H. 7].

Zu berücksichtigen sind auch die erzeugten Schwingungen, die eine gute Fundamentierung des Hammers notwendig machen. Bei nicht sachgemäßer Gestaltung der Hammerfundamente führt dies in vielen Fällen zu Störungen, insbesondere zu unangenehmen Beeinträchtigungen der Arbeitsweise von benachbarten Maschinen, z. T. auch zu Erschütterungen von Gebäudeteilen. Das

Normblatt DIN 4025 gibt Hinweise für die Bemessung und Ausführung von Hammerfundamenten. Schwierig ist die erschütterungsfreie Anbringung von Meßinstrumenten (z. B. Temperatur-Farbenschreiber) im Hammerwerk.

Im Gegensatz zu den Hämmern stehen die *Pressen*. Sie arbeiten kraftschlüssig, was beim Hammer nicht der Fall ist. Die Formung vollzieht sich langsam, also bei geringer Formänderungsgeschwindigkeit, wodurch das Anwachsen des Formänderungswiderstandes sich verringert. Die größte zu verwirklichende Kraft ist durch die Baumaße der Presse gegeben. Besonders bei der Herstellung von großen Gesenkpreßteilen aus Leichtmetall-Legierungen, wie Holme bis zu 10 m Länge für den Flugzeugbau und Räder bis zu 1,5 m Durchmesser, kommen hydraulische Pressen bis z. Zt. 50000 Mp zur Anwendung.

Zur Herstellung eines Schmiedeteiles ist eine der Form angepaßte spezifische Pressung erforderlich. Sie muß durch die Kraft des Hammers oder der Presse aufgebracht werden. Bei zu schwacher Hammerenergie läßt sich die Formgebung trotz noch so vieler Schläge nicht durchführen. Die Hammergröße muß so gewählt werden, daß die Fertigung des Stückes vom Ausgangsquerschnitt bis zur endgültigen Form innerhalb der Temperaturgrenzen, die für den betreffenden Werkstoff vorgeschrieben sind, durchgeführt werden kann. Als Anhaltspunkte sind noch die Abhängigkeit von der projektierten Grundfläche des Gesenkformstückes und die Bildsamkeit des Materials zu nennen. Die wichtigsten Forderungen an die Umformmaschinen sind die weitgehende Genauigkeit des Schmiedestückes, da geringste oder gar keine Bearbeitung vorgesehen ist, kleinster Energieverbrauch, hohe Schlag- bzw. Preßleistung, kurze Einbauzeit der Gesenke ohne Einbuße an Genauigkeit des Schmiedestückes und einfache Bedienung.

7. Maschinen zum Gesenkformen. Die zur Fertigung von Gesenkformstücken benötigten Maschinen sind recht zahlreich und vielfältiger Art. Man muß dabei unterscheiden zwischen Maschinen, die der eigentlichen Umformung dienen und solchen, die zusätzlich zur Vorbereitung des Schmiedegutes, wie auch nach der Fertigstellung eingesetzt werden.

Zu den ersteren gehören Hämmer und Pressen. Bei den anderen handelt es sich um Reckwalzen, Reckhämmer, Sondermaschinen wie Elektrostauch- und Feinschmiedemaschinen, Ringwalzen, Sägen, Scheren, Bearbeitungsmaschinen für die Gesenkherstellung sowie Sondereinrichtungen für ebendenselben Zweck. Auf alle im einzelnen einzugehen, erscheint unmöglich[1]. Nachstehende Ausführungen können nur als Hinweise angesehen werden.

a) Hämmer und ihre besonderen Kennzeichen. Als Hammerarten sind hauptsächlich zu nennen (vgl. Bilder 4 u. 5):

Riemenfallhämmer (seltener Brett- oder Kettenfallhämmer),
Oberdruckgesenkhämmer,
Gegenschlaghämmer.

Für die Herstellung von Vorformen benutzt man außerdem noch Reckhämmer, wie sie auch in der Freiform- und Stangenschmiede verwendet werden, und Schmiede-(Reck-)walzen.

Bei den *Fallhämmern* fällt der Bär infolge der ihm innewohnenden potentiellen Energie aus einer gewissen Höhe in freiem Fall auf das Schmiedestück. Hierbei ist nach den Stoßgesetzen der Bär die stoßende und die Schabotte die gestoßene Masse. Nur ein Teil dieser potentiellen Energie ist nutzbare, d. h. umformende

---

[1] Siehe Werkstattbücher H. 58: Gesenkformen II.

Unterscheidungs-merkmale	Riemenfallhammer		Kettenfallhammer	Brettfallhammer	Aufzughammer	Oberdruck-hammer
	mit Bandkupplung	mit Andruckrolle				
Kupplung	Bremsband	Riemen	Reibkupplung	Brett	Ventil	Ventil
Huborgan	Riemen	Riemen	Kette	Brett	Kolbenstange	Kolbenstange
Druckorgan	—	—	—	—	—	Kolbenstange
Speicher	Schwungrad	Schwungrad	Schwungrad	Schwungrad	Druckluft-behälter	Druckluft-behälter

Bild 4. Bauarten von Hämmern.

Schlagarbeit. Bärrückprall und Schabottebeschleunigung (Schabotteverlust) teilen sich in den anderen Teil. *Riemenfallhämmer* haben wegen ihrer Eignung für alle Schmiedearbeiten, wie Recken, Breiten, Stauchen, Lochen und Gesenkformen, sich ihre Bedeutung in der Kleineisenindustrie erhalten. Die Bedienung ist einfach, die Anschaffungskosten niedrig. Die Fallhöhen lassen sich in weiten Grenzen verändern, was kürzere Fertigungszeiten ermöglicht. Es kann schneller geschlagen werden, und das Stück verliert nicht so stark an Wärme.

Beim *Oberdruckgesenkhammer* wird der Bär zusätzlich durch Preßluft oder Dampf beschleunigt. Beim *Gegenschlaghammer* ist der Unterbär mechanisch durch umgelenkte Stahlbänder oder hydraulisch mit dem angetriebenen Oberbär verbunden. Das Arbeitsprinzip des Gegenschlaghammers besteht darin, daß die beiden fast gleichen Massen mit gleicher, gegeneinander gerichteten Geschwindigkeit aufeinanderschlagen und dann in ihre Ausgangsstellung zurückkehren. Schabotten sind hier nicht erforderlich. Die auf das Erdreich über das Hammerfundament übertragenen Erschütterungen sind gering. Es sind demnach nur kleinere Fundamente erforderlich.

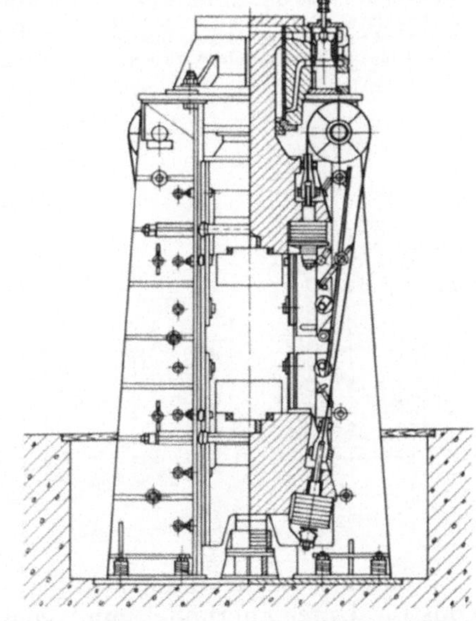

Bild 5. Gegenschlaghammer (nach Bêché und Gross).

Für die Leistungsfähigkeit eines Hammers sind bedeutsam:

Schlagenergie,
Anzahl der Schläge je Minute,
Bärgeschwindigkeit,
Berührdauer der beiden Gesenkhälften,

Wirkungsgrad,
Höchstgewicht des Obergesenkes,
Einfluß des Gesenkgewichtes auf die Schlagenergie.

Die schon bei anderen Verfahren angewendete Höchstgeschwindigkeits-umformung findet auch in der Schmiedeindustrie durch die Einführung von Hochgeschwindigkeits-Schmiedemaschinen Eingang (s. Bild 6). Diese arbeiten mit komprimiertem Stickstoffgas oder Luft. Während bei normalem Schmieden Auftreffgeschwindigkeiten von etwa 6 m/s üblich sind, kommt es hier zu solchen von 20 m/s. Die Hochgeschwindigkeitsmaschinen werden beim Genauschmieden eingesetzt. Gute Schmierung und Vorwärmung der Werkzeuge ist erforderlich. Die hohe Auftreffgeschwindigkeit bedingt den Einsatz schlagfester Werkzeugstoffe.

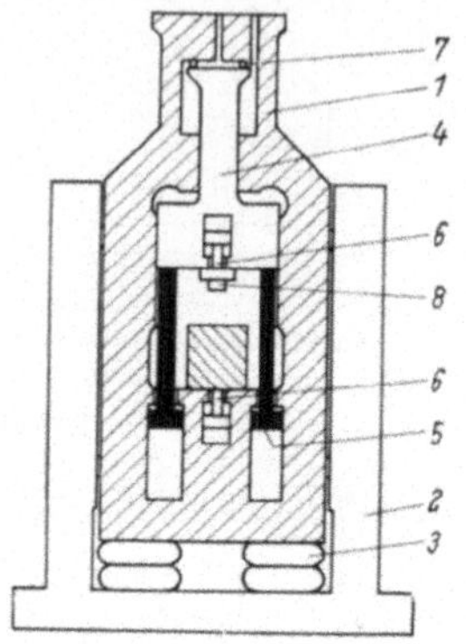

Bild 6. Schematische Darstellung des Hochgeschwindigkeitshammers, System Dynapak (SCHLOEMANN) [nach DORSCH: Die Maschine (1965) H. 1, S. 19].
1 Frei beweglicher Maschinenrahmen; *2* Stützrahmen; *3* Luftfedern; *4* Arbeitskolben; *5* Spannkolben; *6* Ausstoßer; *7* Dichtring; *8* Formgebende Werkzeuge.

b) Pressen. Bei den Pressen liegen die Verhältnisse anders. Die größte Umformkraft ist durch die Baumaße und den mechanischen Wirkungsgrad gegeben. Im Gegensatz dazu steht beim Hammer die kinetische Schlagenergie, mit der der Bär auf das Stück auftrifft. Pressen lassen sich nach der Antriebsart und nach der Gestellform einteilen. Der Antrieb kann hydraulisch, pneumatisch oder mechanisch erfolgen oder durch eine Elektro-Automatik. Nach der Gestellform unterscheidet man Einständerpressen, Zwei- oder Viersäulenbauart, neuerdings auch Kastenform. An einen festen Hub gebunden sind Kniehebel-, Kurbel- und Exzenterpressen, letztere teilweise gering verstellbar. Die hydraulische Presse (Bild 7) ist an ihre Höchstkraft und die Spindelpresse an ihr Arbeitsvermögen gebunden. Bei den Pressen zeichnet sich eine immer stärker werdende Automatisierung ab. Auch

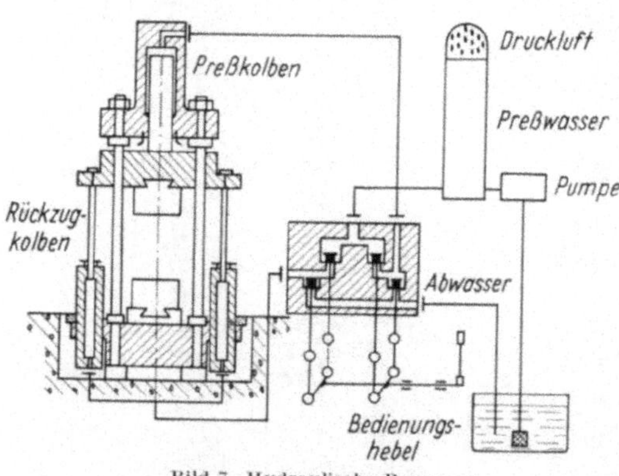

Bild 7. Hydraulische Presse.

die Preßkräfte werden immer größer, besonders bei Pressen in der Leichtmetallindustrie. Unter Zugrundelegung eines spezifischen Druckes von etwa 3 Mp/cm² muß man für eine projizierte Fläche von 1 m² bei einem Schmiedestück Preßkräfte von 30 000 Mp aufwenden.

Die Presse läßt keine Reckarbeiten zu, da der Hub gleichbleibt und nicht den Erfordernissen des Reckens angepaßt werden kann. Auch ist die Hubzahl je Minute sehr gering. Für Staucharbeiten, sowie zum Abgraten, ist die Presse bestens geeignet. Die geringen Erschütterungen und Geräusche spielen für den erhöhten Einsatz von Pressen gegenüber Hämmern eine Rolle (Nachbarschutz, s. Gewerbeordnung). Hämmer werden jedoch überall da bevorzugt, wo es sich um das Schmieden von kleineren Auftragsmengen handelt. Hier arbeitet der

Hammer wirtschaftlicher. Auch da, wo große Kräfte im Verhältnis zur Umformarbeit gefordert werden, behauptet er seinen Platz.

c) Waagerecht-Stauchmaschine. Die Waagerecht-Stauchmaschine (Bild 8)
kann ihrer Art nach der Kurbelpresse gleichgesetzt werden. Was dort als Untergesenk bezeichnet wird, sind hier die Klemmbacken oder auch Klemmgesenke.
Anstelle des Obergesenkes tritt
der Stauchstempel, der sich in
einem Stempelhalter befindet. In
mehreren übereinander liegen-
den Arbeitsgängen kann vorgestaucht, fertiggestaucht, gedornt
und durchgelocht werden, bei
gleichzeitigem Trennen von der
Stange, wenn diese das Ausgangsmaterial war (s. Bild 9). Auch
breite, dünne Flansche müssen
in mehreren Arbeitsgängen über
kegelförmige Zwischenformen
fertiggestellt werden. Da die
Werkzeuge allseitig geschlossen
sind, kann kein oder nur ein
geringer dünner Grat entstehen,
jedoch nur bei Hinnahme von
Werkzeugverschleiß. Teile, die
Unterschneidungen aufweisen,
lassen sich u. U. auf Waagerecht-Stauchmaschinen herstellen. Eine Mechanisierung ist
leicht möglich (Bild 10). Ebenso
können zwei Stauchmaschinen
vollautomatisch verkettet werden, so daß sich der ganze
Fertigungsablauf hintereinander
vollzieht. Bei hohen Stückzahlen
dürfte das Gesenkformen auf
Waagerecht-Stauchmaschinen
trotz der Werkzeug- und Ma-
schinenkosten günstig sein.

Als Schmiedestücke kommen
in Frage (Bild 11) schaftförmige
Teile mit Verdickungen

    am Ende,
    in der Mitte,
    mehrere Verdickungen an
    vorgesehenen Stellen,
    gabelförmige oder gekrümm-
    te Verdickungen am Ende,
weiterhin gelochte Teile mit ein-
facher oder komplizierter Lochung, außerdem solche, bei denen Vertiefungen
vorgesehen sind. In manchen Fällen wird auch an im Gesenk geformten Stücken

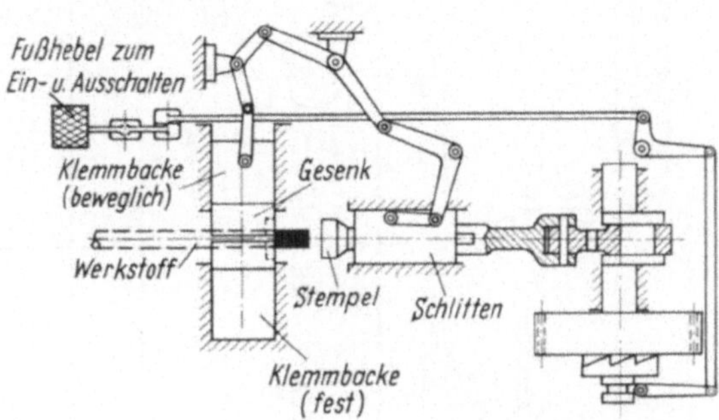

Bild 8. Waagerecht-Stauchmaschine, Prinzipdarstellung.

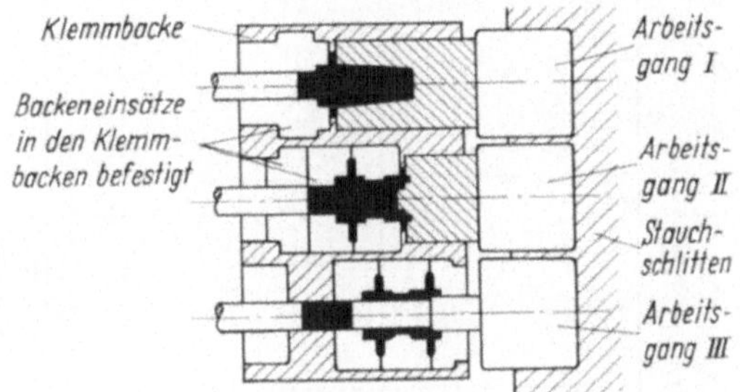

Bild 9. Arbeitsfolge in einer Waagerecht-Stauchmaschine für
die Fertigung einer Doppelnabe (Eumuco).
Arbeitsgang I: Anstauchen des 1. Flansches im Gesenk und
Anhäufen von Werkstoff; Arbeitsgang II: Vorstauchen des
2. Flansches; Arbeitsgang III: Fertigstauchen des 2. Flansches
und Durchlochen der Bohrung.

Bild 10. Mechanisierte Waagerecht-Stauchmaschine (Hasenclever).

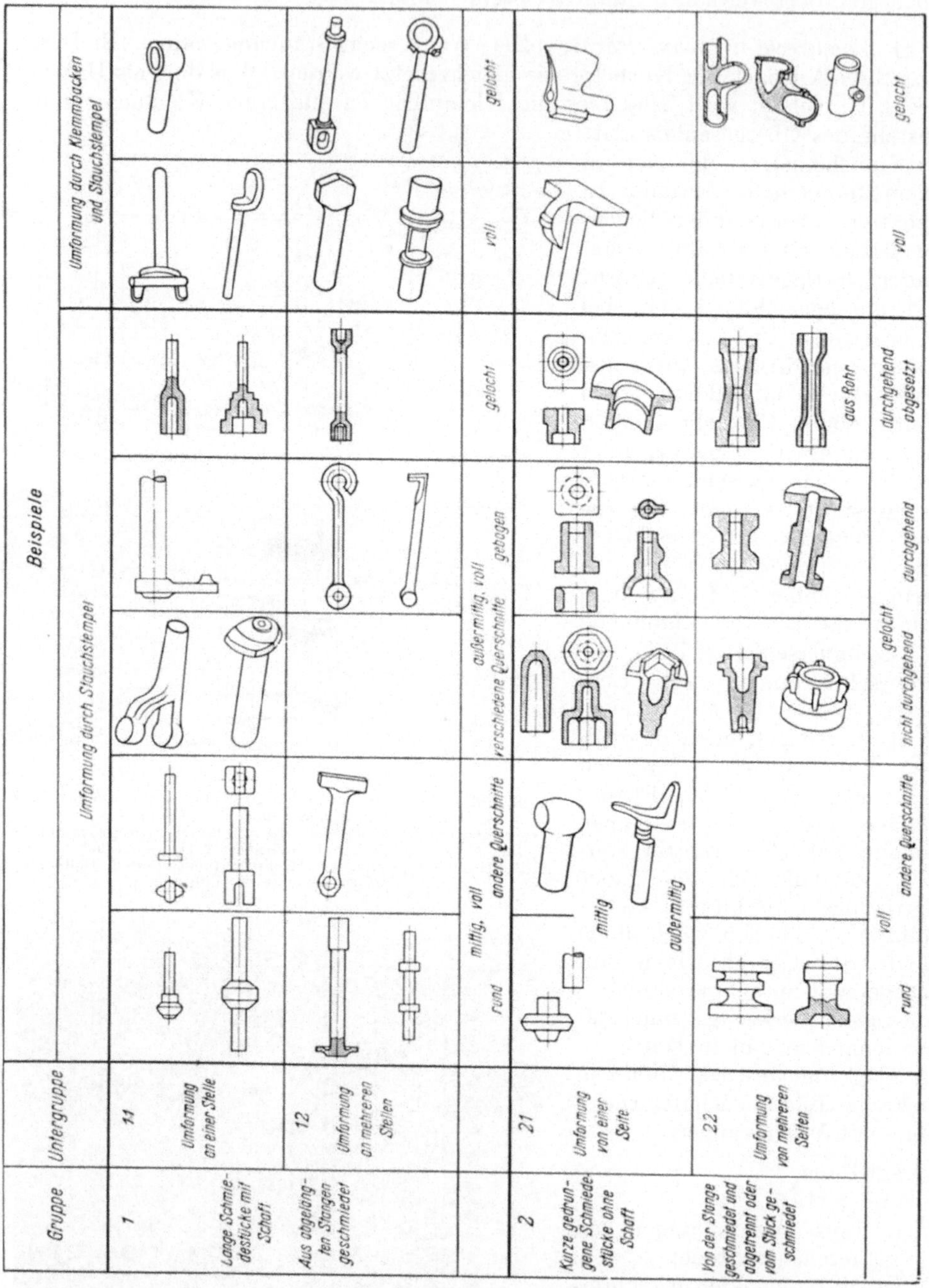

Bild 11. Gestaltungsmöglichkeiten in Waagerecht-Stauchmaschinen (nach LANGE).

noch eine Horizontalstauchung vorgenommen, wie z. B. an einer Kurbelwelle mit Flansch.

Grundsätzlich kommt es beim Einsatz aller Maschinen nicht nur auf ihre Hauptabmessungen, sondern auf

Energie und Kraft-Kenngrößen,
Zeit-Kenngrößen,
Genauigkeits-Kenngrößen bei Betriebslast oder unbelasteter Maschine

an. Der hohe Aufwand bei Investitionen neuer Maschinen zwingt zu völlig klaren Anfragen bzw. Angeboten sowie zur Nennung von Prüfgrößen und zahlenmäßigen Prüfwerten, wie sie sich aus den Abnahmebedingungen für Schmiedemaschinen ergeben (DIN 55150 ff.).

Formenklasse 1 — gedrungene Form ($l \approx b \approx h$; kugelähnliche und würfelartige Teile)

Untergruppe:	101 ohne Nebenformelemente	102 mit einseitigen Nebenformelementen	103 mit umlaufenden Nebenformelementen	104 mit einseitigen und umlaufenden Nebenformelementen

Formenklasse 2 — Scheibenform ($l \approx b > h$; Teile mit runden, quadratischen und ähnlichen Umrissen. Kreuzteile mit kurzen Armen. Gestauchte Köpfe an Langformen. (Flansche, Ventilteller usw.))

Untergruppe / Formengruppe:	ohne Nebenformelemente	mit Nabe	mit Nabe und Loch	mit Rand (Ringe)	mit Rand und Nabe
21 Scheibenform mit einseitigen Nebenformelementen	211	212	213	214	215
22 Scheibenform mit zweiseitigen Nebenformelementen		222	223	224	225

Formenklasse 3 — Langform ($l > b \gtrsim h$; Teile mit ausgeprägter Längsachse)

Längengruppen: 1 kurze Teile $l < 3b$; 2 halblange Teile $l = 3...8b$; 3 lange Teile $l = 8...16b$; 4 sehr lange Teile $l > 16b$ (Ziffern der Längengruppen werden mit Schrägstrich angehängt; z. B. 334/4)

Untergruppe / Formengruppe:	ohne Nebenformelemente	mit symmetrisch zur Achse des Hauptformelements liegenden Nebenformelementen	mit offenen oder geschlossenen Gabelungen	mit unsymmetrisch zur Achse des Hauptformelements liegenden Nebenformelementen	mit zwei oder mehr verschiedenen Nebenformelementen ähnlicher Größe
31 Hauptformelement mit gerader Längsachse	311	312	313	314	315
32 Längsachse des Hauptformelements in einer Ebene gekrümmt	321	322	323	324	325
33 Längsachse des Hauptformelements in mehreren Ebenen gekrümmt	331	332	333	334	335

Bild 12. Formenordnung für Gesenkformstücke (nach SPIES).

8. Formenordnung (nach SPIES). Die Fülle von Verwendungszwecken für Gesenkformstücke bringt auch eine Gestaltenfülle mit sich. Nach einer Schätzung soll es mehrere Hunderttausend verschiedene Teile geben. Die Stückgewichte bewegen sich zwischen einigen Gramm bis zu mehreren Tonnen. Die Abmessungen liegen zwischen 10 mm Länge (Nähmaschinenteil) und 10 m Länge (Holme von Flugzeugtragflächen aus Alu-Legierung). Räder werden bis zu einem Durchmesser von 1,5 m im Gesenk geschmiedet.

Als sehr günstig auf Grund der vielgestaltigen Arten von Schmiedestücken hat sich die Formenordnung nach W. SPIES (Bild 12) erwiesen. Sie ordnet nach geometrischen Gesichtspunkten und faßt die Teile in drei Formenklassen zusammen:

Klasse 1 = gedrungene Form,
Klasse 2 = Scheibenform,
Klasse 3 = Langform.

Hierbei ergeben sich jedoch noch Unterteilungen, die aus den Bildern ersichtlich sind. Der große Vorteil einer solchen Ordnung liegt in der Hilfe für die Arbeitsvorbereitung. Von dieser lassen sich vornehmen:

Bestimmung des Herstellverfahrens für die Endform,
Festlegung der Zwischenformen, wie auch der Ausgangsformen,
Ermittlung der erforderlichen Werkstoffmenge und Berücksichtigung der Gratverluste,
Auswahl der geeigneten Maschinen,
Bestimmung der erforderlichen Umformarbeit,
Ermittlung der Fertigungszeit je Einheit (nach LANGE).

Im Einzelnen wird dabei zu entscheiden sein, ob die Arbeit unter dem Fallhammer, der Presse oder der Schmiedemaschine vorzunehmen ist und ob aus Zweckmäßigkeitsgründen eine Einzelformung oder zur Erhöhung des Ausbringens und der Vermeidung von Schubkräften, die eine Versetzung von Ober- und Untergesenk herbeiführen, eine Doppelformung (zwei Teile in einem Gesenk, Materialanhäufung in der Mitte gegeneinander) zweckmäßig erscheint. Außerdem ist Vorformen zur Erlangung günstiger Zwischenformen häufig unerläßlich. Die Ausgangsform kann, wie schon ausgeführt, Halbzeug, Stange oder Spaltstück sein.

9. Hauptarten der Umformung. Beim Umformen im Gesenk muß man drei Vorgänge unterscheiden (Bild 13): Stauchen, Breiten und Steigen.

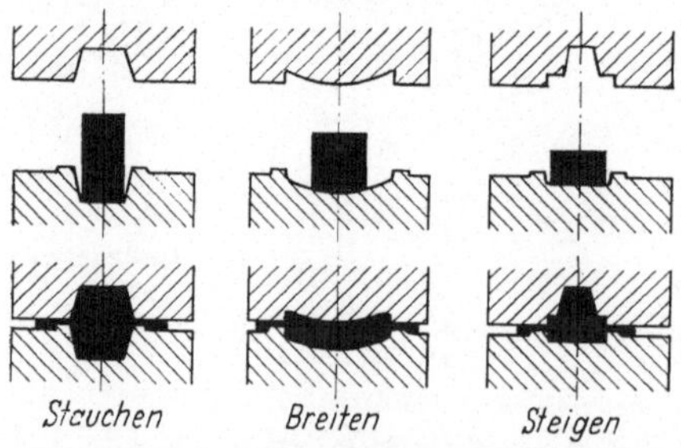

Bild 13. Arten der Stoffverlagerung beim Gesenkformen.

Der natürlichste Vorgang, der auch die geringsten Umformkräfte verlangt, ist das *Stauchen*, d. h. die Verringerung der Anfangshöhe. Ohne großes Gleiten fließt der Werkstoff in der Teilebene zum Grat hin. Das *Breiten* ergibt sich aus dem Stauchen, bedarf aber zur richtigen Formgebung größerer Kräfte. Soll jedoch der Werkstoff Gravuren, z. B. Zapfen, die in Richtung der Werkzeugbewegung liegen, füllen, d. h. *steigen*, was oft auch einer Vergrößerung der Anfangshöhe gleichkommt, so bedarf dies erheblicher Umformkräfte. Auf die Mitwirkung des Grates sei hier hingewiesen, der durch Gratsperren und schnelleres Erkalten dem Werkstoff einen größeren Abfließ-Widerstand entgegensetzen wird.

Obwohl theoretisch die Füllung von Hohlräumen sowohl im Ober- als auch im Untergesenk gleichmäßig sein müßte, gleitet (steigt) der Werkstoff im Obergesenk besser als im Untergesenk.

10. Steigen des Werkstoffes im Gesenk. Das Ausfüllen der Gesenkhöhlungen (Gravur) — Begriffe s. Bild 14 — durch fließenden Werkstoff in der Achse der Schlagrichtung bezeichnet man als *Steigen*. Der Spalt, in den der durch Schlag oder Druck sich breitende Werkstoff eintritt, die Gratbahn, verengt sich zwischen Ober- und Untergesenk (Bild 15). Dies verursacht einen Fließwiderstand, der sich dadurch noch erhöht, daß bei der großen Berührungsfläche der dünne Grat schnell abkühlt. Die so entstandene Fließbehinderung erleichtert dem Werkstoff das Steigen in der Gravur. Theoretisch müßte der Werkstoff in beiden Gesenkhälften gleichmäßig steigen. In der Praxis ist jedoch die *Steigfähigkeit* im Obergesenk größer als im Untergesenk. Der Grund liegt in der größeren Formänderungsfestigkeit an den im Untergesenk verbleibenden Teilen des Werkstücks infolge der dabei auftretenden Wärmeabfuhr. Bei Teilen, die einseitig einen Zapfen besitzen, der eine hohe Steigfähigkeit verlangt, wird zunächst dieser im Obergesenk auf seine Endform gebracht. Danach wird in einer zweiten Arbeitsstufe der Zapfen ins Untergesenk gesteckt und der übrige Teil des Werkstücks in seine endgültige Form gebracht. Durch Schmieden unter einem Gegenschlaghammer ist eine gleichzeitige Ausfüllung größerer Gesenkhöhlungen im Ober- und Untergesenk möglich.

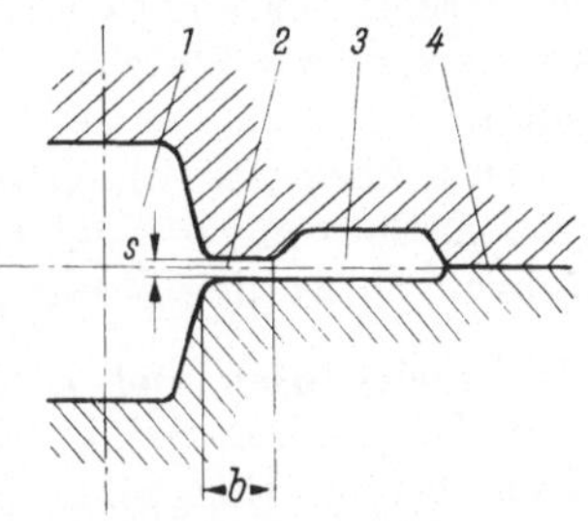

Bild 14. Begriffe am Gesenkhohlraum [aus Werkstattstechnik 51 (1961) H. 12, S. 725].
1 Gravur; *2* Gratsperre (Gratbahn); *3* Gratrille; *4* Gesenkteilung.

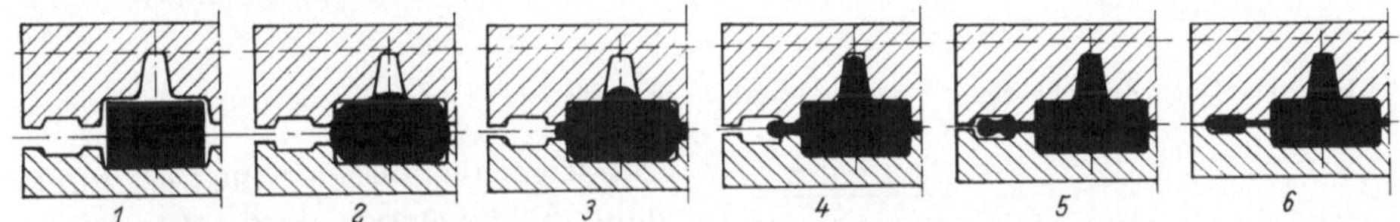

Bild 15. Füllen der Gravur beim Gesenkformen mit ganz umschlossenem Werkstück.
1 Einlegen des Rohlings; *2* Werkstück wird von den Gesenken erfaßt; *3* Werkstoff beginnt zu steigen und tritt in die Gratbahn ein; *4* Werkstoff steigt weiter; *5* Gesenkhohlraum ist ausgefüllt, überschüssiger Werkstoff tritt in die Gratrille ein; *6* Gesenk ist geschlossen.

Als *Steighöhe* bezeichnet man den Abstand zwischen der Grundfläche und den tiefsten Punkten der Gesenkhöhlungen. Die die Steigfähigkeit fördernden und hemmenden Einflüsse sind:

die unterschiedliche Umformbarkeit der Werkstoffe bei gleichem Arbeitsaufwand,

die Schmiedetemperatur,

die Verwendung von Hammer oder Presse,

die Ausgangsform und die Endform des Schmiedestückes sowie die Gratführung,

die Formgestalt und Oberflächenbeschaffenheit der Gravur.

Endziel ist unter allen Umständen die restlose Füllung der Gesenkhohlräume.

Neben der Gestalt des Ausgangsstückes spielt die Werkstoffart eine besondere Rolle. Stahl und Leichtmetalle haben beim Schmieden unter dem Hammer oder der Presse unterschiedliche Steigfähigkeit. Beim Hammer lassen sich größere Steighöhen erzielen als mit der Presse, jedoch nur dann, wenn das Einsatzvolumen vergrößert und die Schlagzahl erhöht wird.

Da beim Steigen des Werkstoffs in tiefe Gesenkhöhlungen das Entweichen der Luft unmöglich gemacht wird, weil der Werkstoff in der Gratbahn den Hohlraum nach außen abdichtet, ist ein Luftloch an der höchsten (oder tiefsten) Stelle anzubringen. Es ist sonst die Füllung der Gravur behindert. Auch kann der Druck der eingeschlossenen und komprimierten Luft bei dünnen Gesenkwandungen ein Platzen oder Absprengen von Teilen (Gesenkexplosion) hervorrufen.

Das *Vorlochen* im Gesenk durch *Dornen* oder *Durchlochen* erfolgt nur bei großen Bohrungen wegen der damit verbundenen Materialersparnis. Kleinere Bohrungen werden besser gebohrt.

11. Arbeitsstufen und Zwischenformen. Nur selten wird sich die Umformung vom Ausgangsmaterial mit seinen einfachen Profilen wie Quadrat, Rechteck, Kreis, bis zur Endgestalt in einem einzigen Gesenk durchführen lassen. Je viel-

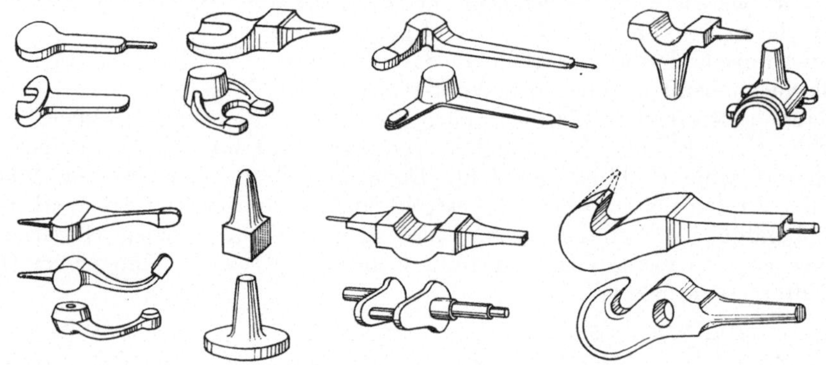

Bild 16. Beispiele der Herstellung von Gesenkformstücken mit Vorverteilung der Masse unter einem Lufthammer.

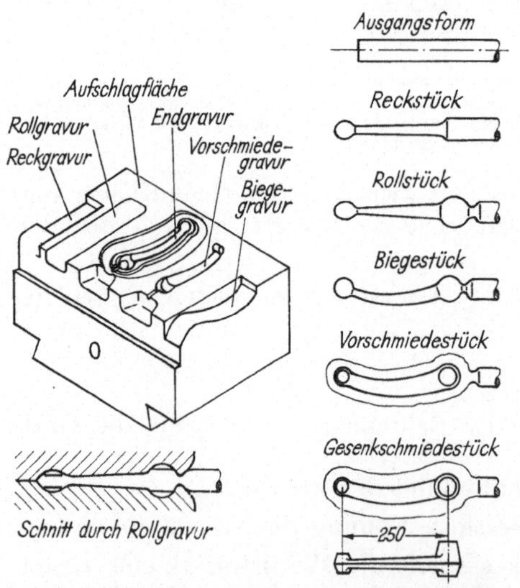

Bild 17. Gesenkblock mit mehreren Gravuren und den entsprechenden Zwischenformen (nach BRUCHANOW und REBELSKI).

gestaltiger das fertige Stück ist, um so mehr Arbeitsgänge sind zur Masseverteilung des Werkstoffs in verschiedenen Werkzeugen durchzuführen. In vielen Fällen werden hier auch die vom Freiformen her bekannten Verfahren angewendet wie *Recken, Biegen* und *Rollen* (Bild 16 u. 17). Auch *Fließpressen* und *Anstauchen* ergeben Zwischenformen. Zum Teil werden diese Arbeiten, die einen erfahrenen Schmied erfordern, von Maschinen wie z. B. der Reck- oder Schmiedewalze (vgl. Abschn. 14) ausgeführt. Hier können ungelernte Arbeitskräfte eingesetzt werden, wenn nicht der ganze Vorgang automatisch abläuft, wie etwa der Einsatz eines elektronisch gesteuerten Manipulators vor einer Reckwalze, der die Arbeit des Mannes übernimmt (vgl. Bild 69).

Ob das Biegen schon bei einer Zwischenform erfolgt, läßt sich nicht generell entscheiden. Es gibt Fälle, wo die Biegung zweckmäßig erst nach der Endformung erfolgt. Dies wird meist dann richtig sein, wenn von einem Schmiedestück rechte und linke Ausführungen gewünscht werden. Die Herstellung rechter und linker Stücke aufgrund einer unterschiedlichen Konstruktion erscheint unwirtschaftlich, da dann zwei verschiedene Gesenke notwendig sind (Bild 18). Die nachträgliche Biegung muß auch dann erfolgen, wenn sich das Stück infolge seiner sperrigen Gestalt nicht im Gesenk fertigformen läßt. Die Einschaltung von *Zwischengesenken* zur Formgebung kann in bestimmten Fällen notwendig sein.

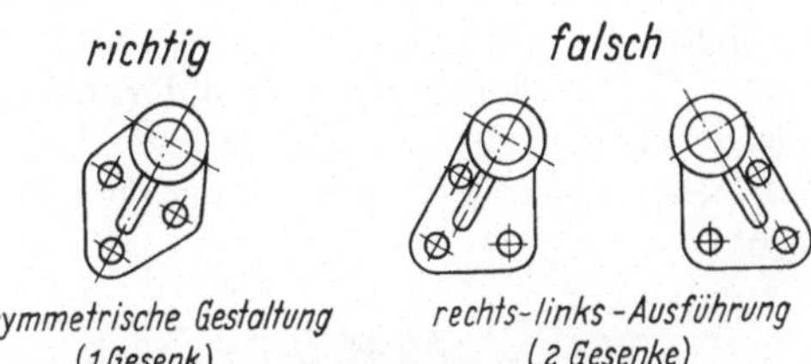

Bild 18. Kostensenkend konstruiertes Gesenkformstück, das sowohl als Links- als auch als Rechtsausführung verwendet werden kann. Vorteile: geringere Werkzeugkosten (nur 1 Gesenk), niedrigere Fertigungskosten (doppelte Stückzahl).

Durch Fließpressen und anschließendes Stauchen werden schaftförmige Teile wie Ventile, Stößel und andere hergestellt. Die Werkstoffe sind meist NE-Metalle, aber auch Stahl. Besonders günstig ist das Fließpressen, wenn es sich um einen hohlen Schaft handelt. Das Verfahren ist wegen der Gewichtsersparnis (kein Gratabfall) sehr wirtschaftlich.

12. Faser und Faserverlauf. Die im Stahl vorhandenen Seigerungen und Einschlüsse bilden nach dem Strecken durch den Walzvorgang eine *Zeilenstruktur* (ähnlich Bild 1c). Der Verlauf dieser Zeilen, auch *Fasern* genannt, spielt im Gesenkformstück eine wichtige Rolle. Da das Vormaterial als Knüppel schon gewalzt ist und damit bereits eine Zeilenstruktur besitzt, sollte diese möglichst erhalten bleiben und sich der Form und Beanspruchung des Stückes anpassen. Durch entsprechenden Einsatz des Vormaterials (Knüppelabschnitt) kann man den *Faserverlauf* in die Richtung der Hauptbeanspruchung des Werkstückes bei seiner Verwendung legen und erreicht so optimale Eigenschaften (Bilder 19 bis 25). Im Falle einer späteren spanenden Nacharbeit soll,

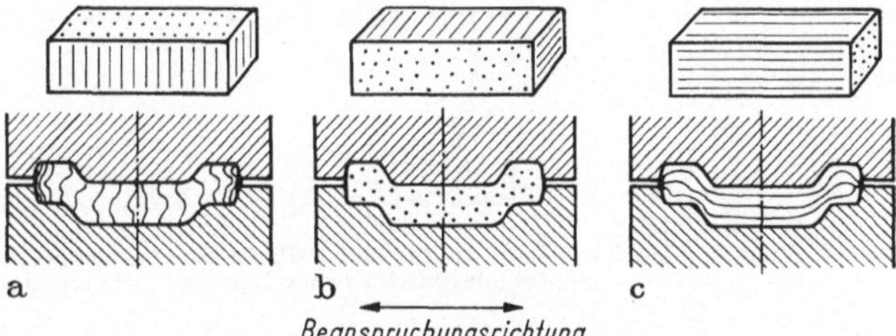

Bild 19 a—c. Faserrichtung des Ausgangsmaterials beim Einlegen in das Gesenk im Hinblick auf die spätere Beanspruchungsrichtung des Fertigteils a) und b) quer zur Faserrichtung, c) längs zur Faserrichtung [aus Konstruktion 14 (1962) H. 7, S. 279].

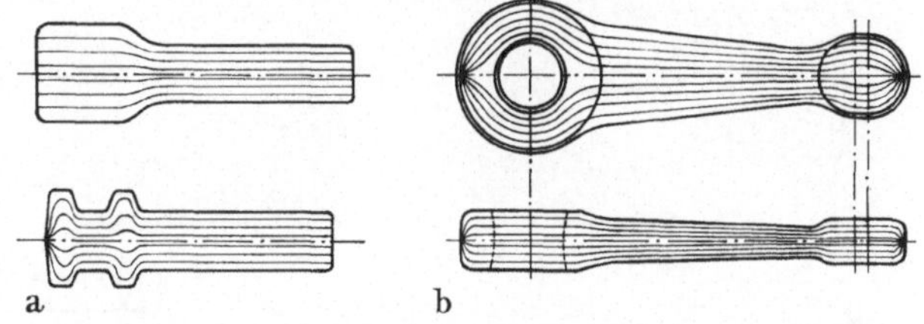

Bild 20 a u. b. Faserverlauf für a) eine Ritzelwelle, b) ein Pleuel.

wie der Faserverlauf in einem Zahnradkörper zeigt, die Faser nicht durchschnitten werden. Die richtige Orientierung der Faser in den Zähnen eines geschmiedeten Zahnrades gibt diesen eine mehrfach so große Widerstandsfähigkeit gegen Stöße, als den von abgetrennten scheibenförmigen Abschnitten mit achsparalleler Faserlage. Durch geschickte Ausbildung der Gravuren kann die Faser an denjenigen Stellen verdichtet werden, die besonderen Beanspruchungen ausgesetzt sind.

In Richtung des Faserverlaufes weist der Werkstoff besonders gute Werte hinsichtlich Festigkeit, Dehnung und Kerbzähigkeit auf. Quer zur Faser ist eine z. T. beträchtliche Verminderung der Gütewerte zu erwarten. Diese Umstände bringen es mit sich, daß der Konstrukteur häufig geschmiedete Bauteile den gegossenen gegenüber vorziehen muß, die keine Faserstruktur besitzen können.

Bild 21. Faserverlauf an einem gesenkgeformten Flansch (Siepmann GmbH).

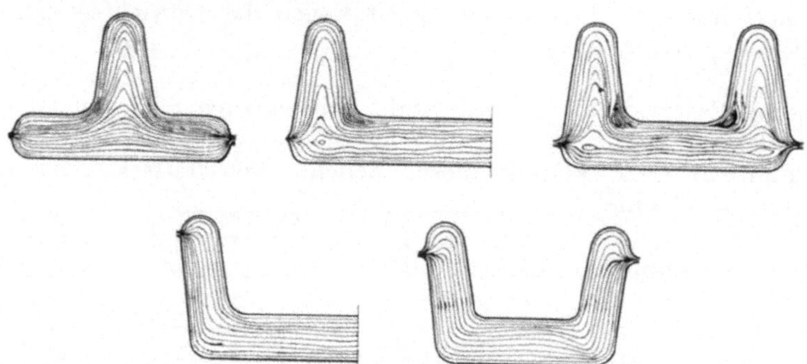

Bild 22. Faserverläufe für T-Profil (oben) und U-Profil bei ungünstiger Gesenkteilung (Mitte und unten links) und bei günstiger Lage der Teilfuge (Mitte und unten rechts).

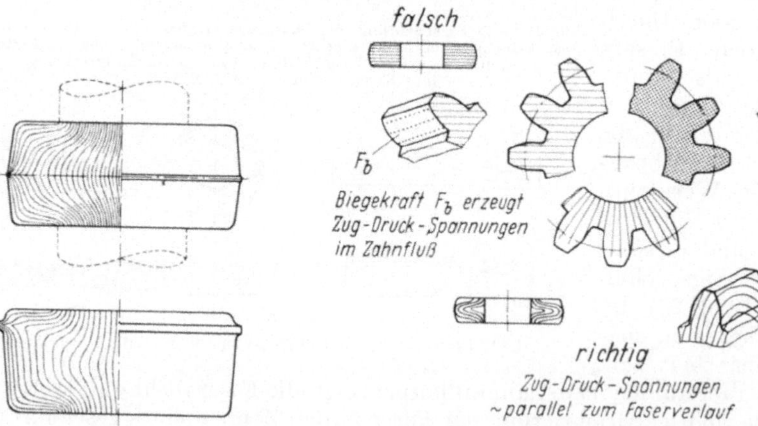

Bild 23. Günstige Faserverläufe bei symmetrischer und unsymmetrischer Gesenkteilung.

Bild 24. Faserverlauf bei Zahnrädern (nach SPIES).

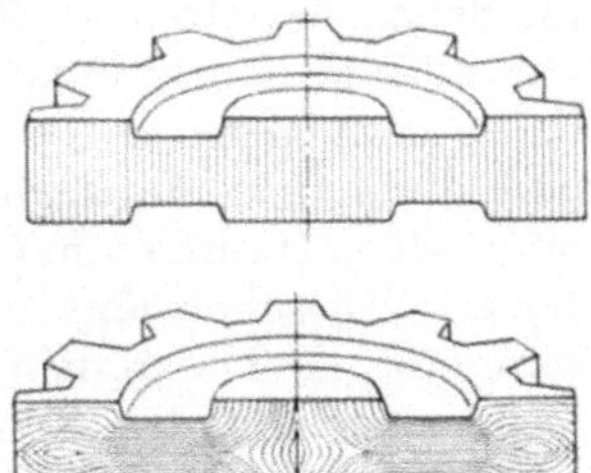

Bild 25. Vergleich des Faserverlaufs an einem Zahnrad.
Oben: vom Walzstab getrennt und spanend nachbearbeitet;
unten: Rohling vom Knüppel im Gesenk geformt und spanend nachbearbeitet.

III. Fertigungsverfahren der Gesenkformtechnik

13. Vor- und Fertigformen. Vor der endgültigen Formung im Fertiggesenk wird im allgemeinen ein *Vorformen* auf verschiedene Weise durchgeführt. Der Zweck dieses Vorformens ist eine gute Materialverteilung des Vormaterials zwecks Anpassung an die Fertigform. Hierdurch wird Zeit gewonnen, der Gesenkverschleiß gemindert und eine bessere Maßhaltigkeit erzielt. Das *Fertiggesenk* wird weitgehend geschont, da das Stück mit weniger Schlägen fertiggeformt werden kann. Ein Gesenkformen ohne Vorformen wird nur selten noch angewendet. Lediglich bei Rädern, die man nicht vorformen kann, ist dies der Fall. Die endgültige Form erhalten diese nach dem Formen und Abgraten ohnehin noch in einem Walzvorgang.

Das weitaus häufigste Verfahren ist das freie Vorformen durch Recken. Dieses bedarf jedoch der Geschicklichkeit und Erfahrung des mit der Arbeit betrauten Schmiedes. Gutes *Vorrecken* ist wichtig und nimmt oft mehr Zeit in Anspruch als das Schlagen im Fertiggesenk. Meist werden diese Arbeiten unmittelbar hintereinander durchgeführt, wobei jedoch Reck- und Gesenkhammer nahe genug beieinander stehen müssen. Die Arbeit kann dann in einer Hitze beendet werden. Anderenfalls wird zunächst nur gereckt. Hier entscheidet die betriebliche Einrichtung wie auch die Wirtschaftlichkeit.

Es ist ganz besonders darauf zu achten, daß keine Fehler beim Vorrecken, vor allem nicht an den Querschnittsübergängen, entstehen. Häufig reicht das Vorrecken zur endgültigen Formgebung im Fertiggesenk nicht aus, so daß noch ein *Zwischengesenk* erforderlich ist. Ob es zweckmäßig ist, die Gravur des Zwischengesenkes mit derjenigen des Fertiggesenkes in einem Gesenkblock zu vereinigen (vgl. Bild 17), muß von Fall zu Fall entschieden werden. Nachteilig könnte es sein, wenn eine der Gravuren sich schneller ausarbeitet.

Mitunter findet sogar nach dem Schmieden im Zwischengesenk ein *Abgraten* statt. In Fällen, wo das Schmiedestück einen längeren Zapfen besitzt, wird dieser im Zwischengesenk geformt, wobei der Zapfen durch Steigen im Obergesenk seine endgültige Form findet. Dann erst wird der andere Teil des Werkstücks im Fertiggesenk fertiggeformt, wobei nun der Zapfen im Untergesenk liegt.

Etwas anderes ist das Zusammenfassen mehrerer Teile in einem Gesenk (*Mehrfachgesenk*), was sich meist beim Schmieden von der Stange als sehr wirtschaftlich erweist. Auch läßt das Auftreten seitlicher Schubkräfte beim Schmieden sich hierdurch verhindern. Ebenso ist die Herstellung zweier Stücke in einem einzigen Schmiedestück, das später durch einen Sägetrennschnitt wieder in zwei gleiche Teile zerlegt wird, möglich und auch meist wirtschaftlich (s. Bild 48 oben).

14. Schmiedewalzen — Reckwalzen. In dem Abschnitt über das Vorformen war auf die häufig notwendige Vorformung unter dem Reckhammer vor dem Fertigschmieden im Gesenk hingewiesen worden. Der Mangel an Fachkräften und die hohen Facharbeiterlöhne für die Durchführung des Reckvorganges unter dem Hammer hat die Betriebe in immer stärkerem Maße zum Einsatz der an sich schon länger bekannten *Schmiedewalze* nunmehr auch als *Reckwalze* veranlaßt. Beide können von angelernten Kräften bedient werden.

Der Einsatz der *Schmiedewalze* erfolgte allgemein zur Herstellung gleichartiger, sich verjüngender Stücke. Im Gegensatz zum Walzwerk (Einfach-Duo), das langgestreckte Profile auf einen gleichbleibenden Querschnitt hinunterwalzt, hat die Schmiedewalze die Aufgabe, in nur einer Walzenumdrehung kürzere Stücke mit veränderlichem Querschnitt in einem oder nacheinander in mehreren

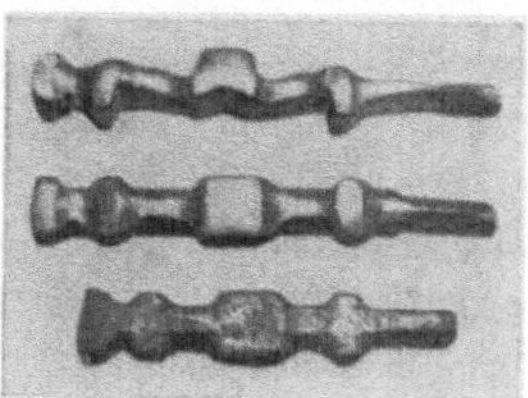

Bild 26. Vorformen durch Profil-Längswalzen in einer Reckwalze. Die Walzen befinden sich in Leerstellung zum Einlegen des Werkstücks. Rechts von unten nach oben die in den verschiedenen Stichen erzielten Zwischenformen.

Kalibern (Stichen) umzuformen. Während bei der Schmiedewalze in mehreren Stichen in verschiedenen Kalibern Fertigteile, wie Propellerblätter, Turbinenschaufeln, Pflugscharen, Messerklingen u. a. gewalzt werden, dient die *Reckwalze* lediglich zum Vorformen von Stangen- oder Knüppelabschnitten. Bei Handbedienung wird das Stück von vorn zwischen die Walzen geschoben. Beim Anlaufen packen die in die Segmente eingearbeiteten Gravuren den Rohling hinter der Zange und schieben ihn nach vorn heraus. Bild 26 zeigt die Ansicht einer solchen Reckwalze und den Vorgang des Einlegens. Rechts daneben sind von unten nach oben die durch Recken erzielten Zwischenformen zu sehen, die bei den verschiedenen Stichen erzielt werden. Umzuformen sind kurze Stücke mit veränderlichem Querschnitt. Die zur Umformung dienenden Walzsegmente mit 180° oder weniger als Umfangswinkel werden auf die beiden Grundwalzen aufgespannt

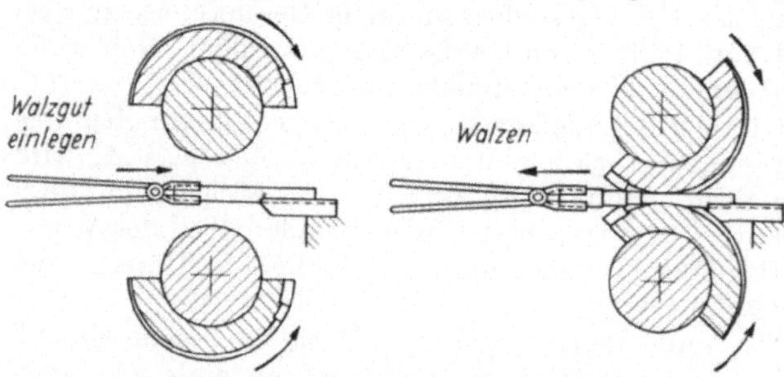

Bild 27. Schnittdarstellung einer Reckwalze.
Links: Einlegen des Walzgutes in der Leerstellung; *rechts*: Herauswalzen durch die zwei der Umformung dienenden Walzsegmente.

oder als Ringe aufgeschoben (Bild 27). Bild 28 zeigt ein Beispiel, wo die Reckwalze zwei Stücke vorformt, die dann nacheinander im Gesenk fertiggeformt werden. Das Trennen erfolgt beim Abgraten.

Der Vorteil des Vorformens unter der Reckwalze liegt nicht nur in den geringeren Lohnkosten infolge Einsatz eines angelernten Arbeiters, sondern auch in der Gleichmäßigkeit der Stücke und der wesentlich erhöhten Mengenleistung. Zu beachten ist, daß der Formänderungswiderstand bei höherer Temperatur kleiner und ebenso auch die Breitung geringer als die Streckung ist. Es ist somit vorteilhafter, bei möglichst hoher Temperatur (Höchstgrenze der betr. Stahlsorte beachten!) zu walzen, was meist auch noch ein Fertigformen im Gesenk ohne Nachwärmen gestattet. Um Temperaturunterschiede bei den verschiedenen Querschnitten auf der ganzen Länge zu vermeiden, werden die Walzsegmente falls erforderlich elektrisch beheizt.

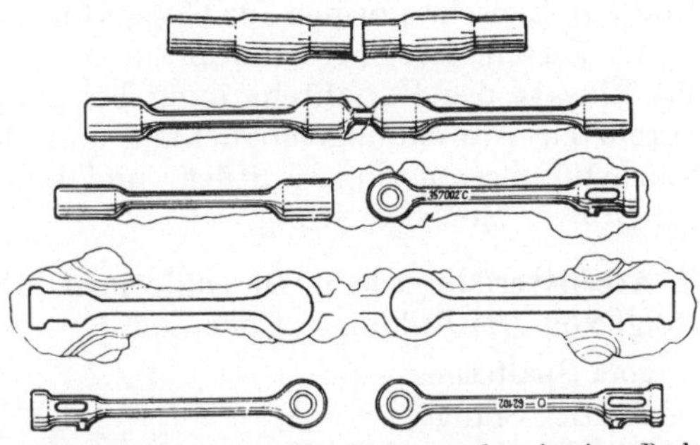

Bild 28. Vorformen durch Profil-Längswalzen in einer Reckwalze, wobei immer 2 Stücke gleichzeitig gewalzt werden (1. und 2. Stück von oben). Im Gesenk geformt wird dann jeweils nur 1 Stück gleichzeitig (3. Stück von oben).

Obwohl der Reckvorgang an sich einfach ist, zeigen sich bei dem Bedienungspersonal infolge der schnellen Arbeitsweise und der Hitzeeinwirkung auf die Dauer Ermüdungserscheinungen. Es hat sich deshalb auch der Einsatz des vom Freiformen her bekannten Manipulators hier als zweckmäßig erwiesen. Bild 69 zeigt die Ansicht einer weitgehend automatisierten Ausführung. Selbst die Einführung des Stückes in den Werkstückhalter kann automatisch erfolgen. Auch das Drehen um 90° und das Ausstoßen erfolgt selbständig. Ist der Manipulator ausschwenkbar, so kann die Reckwalze auch von Hand bedient werden.

Ein weiterer Einsatz des Walzens zur Herstellung von Zwischenformen für eine Fertigbearbeitung im Gesenk, wie auch von Endformen, jedoch nur

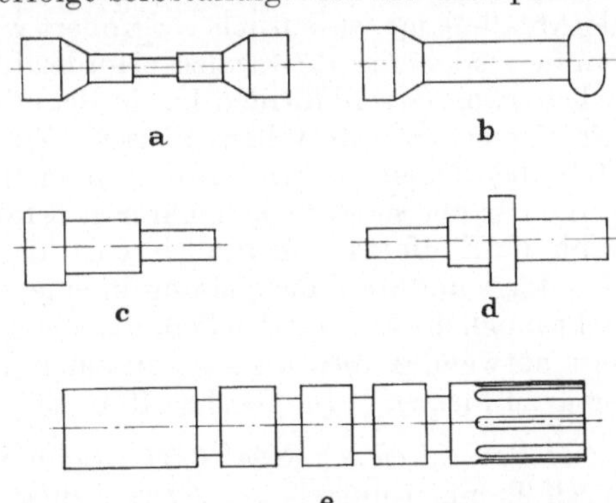

Bild 29. Prinzipdarstellung des Querwalzens mit keilförmigen Werkzeugen. Das Werkstück erfährt keinen Längsvorschub.

Bild 30 a – e. Gestaltungsmöglichkeiten für rotationssymmetrische Werkstücke durch Querwalzen. Vor- oder Fertigformen mit a) Absätzen; b) Kegelflächen oder gewölbten Flächen; c) und d) mehrfachen Absätzen; e) Längs- und Quernuten.

für rotationssymmetrische Werkstücke, erfolgt durch das an sich nicht unbekannte, nunmehr aber durch die Entwicklung leistungsfähiger Walzmaschinen stärker in den Vordergrund tretende *Querwalzen*[1]. Hier wird, wie Bild 29 zeigt, mit keilförmigen Werkzeugen sowohl eine Verringerung des Ausgangsdurchmessers wie auch eine Längung erreicht. In einem Kalibrierteil wird das Stück auf sein

---

[1] Neues Verfahren, vorgetragen am 17. 5. 68 vor dem Schmiedeausschuß von einem ostdeutschen Ingenieur. Keine westdeutsche Veröffentlichung, nur Aufsatz in Metal Forming Oct. 68 No. 10: Transverse rolling (Dipl.-Ing. F. Neuberger u. a.). Die Querwalzmaschine wird von dem VEB Pressen- und Scherenbau Erfurt hergestellt.

Endprofil gebracht. Einige nach diesem Verfahren herstellbare Werkstücke sind Bolzen, Kugelzapfen, ein- und zweiseitig abgesetzte Wellen, Kurbeln und Klöppel (Bild 30). Zwischenformen für Gesenkformstücke sind Pleuel, Naben, Schlüssel.

Als Vorteile lassen sich anführen: Formgenauigkeit, einfaches Formwerkzeug und Einsatz des Verfahrens auch bei geringen Stückzahlen lohnend. Bei der begrenzten Anwendungsmöglichkeit auf nur bestimmte Formen ergeben sich jedoch für diese geringere Stück- und Lohnkosten, geringerer Werkstoffeinsatz und größere Mengenleistung.

15. Arbeitsverfahren beim Gesenkformen. Die Durchführung des Gesenkformens erfolgt von drei Rohlingsformen aus:

> vom Spaltstück,
>
> von der Stange,
>
> vom Blöckchen bzw. Knüppelabschnitt (Stückschmieden).

Jedes dieser Verfahren hat seine Vor- und Nachteile. Entwickelt wurden die beiden erstgenannten Verfahren vornehmlich in Gegenden, wo speziell geschmiedete Gegenstände, wie Werkzeuge, Scheren, Messerklingen u. a. hergestellt wurden.

Für das Stückschmieden benötigt man vom Ausgangsmaterial aus gesehen sogenanntes Halbzeug (Knüppel), ein Erzeugnis der Blockstraße eines Walzwerkes. Die beiden anderen Verfahren gehen von fertigen Walzprofilen aus. Die Werkstoffeinsatzkosten sind dadurch unterschiedlich.

In vielen Fällen entspricht der Ausgangsquerschnitt des Knüppels oder der Stange dem stärksten Querschnitt des Gesenkformstückes. Um an den Stellen geringeren Materialbedarfes keinen unnötig breiten Grat zu erhalten, wodurch die Abfallmenge wesentlich vergrößert würde, ist ein Vorrecken unter dem Reckhammer oder der Reckwalze erforderlich. Man wird demnach auch noch den Arbeitsgang Gesenkformen in ein Schmieden ohne Vorrecken und in ein solches mit Vorrecken unterteilen müssen. Zu beachten sind auch die recht häufigen Fälle, bei denen die Umformung nicht in einem einzigen Gesenk vorgenommen werden kann, sondern in mehreren erfolgen muß. Einmal ist dies erforderlich, wenn die Endform so kompliziert ist, daß sie das Fließvermögen des Werkstoffes übersteigt und die Formgebung in einem Gesenk allein durch Schlag oder Druck nicht möglich ist. Bei Stücken, die einen längeren Zapfen besitzen, ist es andererseits notwendig, diesen zuerst in einem gesonderten Arbeitsgang im Obergesenk fertig zu formen (vgl. Abschn. 10 u. 13).

a) Schmieden vom Spaltstück. Beim Spalten stellt man aus Flachstahlprofilen durch Trennen mittels eines zweckentsprechenden Schneidwerkzeugs Ausgangsstücke für den Schmiedeprozeß ohne Reckarbeit her (Bilder 31 u. 32). Wichtig ist es, die beste und billigste Vorform zu finden. Wird das Spaltstück nach den Gesetzen des Flächenschlusses gestaltet, so ist es ein abfallos und damit wirtschaftlich gefertigtes Ausgangsstück[1]. Die Stücke besitzen ein Anfaßende und werden vom Schmied dort in der Zange gehalten. Dadurch ist nach jedem Schlag ein Lüften möglich (Gesenkschonung). Die Stücke sind sehr leicht und das Schmieden großer Stückzahlen möglich. Die Forderung nach einem bestimmten Faserverlauf kann meist nicht eingehalten werden und wird auch bei den hergestellten Teilen nicht unbedingt verlangt. Meist sind Biege- und Stauchgesenke neben dem Vorgesenk auf dem Hammer mit festgekeilt. Die Anwendung des Spaltens macht es erforderlich, daß für jeden Formschnitt eine bestimmte

---

[1] Hierüber Näheres in Werkstattbücher H. 59: KRABBE, Stanztechnik III, 2. Aufl. (1965).

Materialabmessung bereitgestellt werden muß. Lager mit einigen hundert Abmessungen sind somit nicht selten. Das Abgraten der meist dünnen Stücke erfolgt kalt.

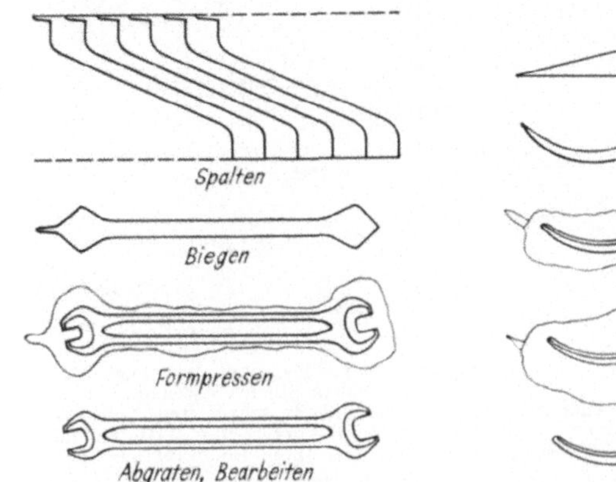

Bild 31. Gesenkformen eines Schraubenschlüssels vom Spaltstück.

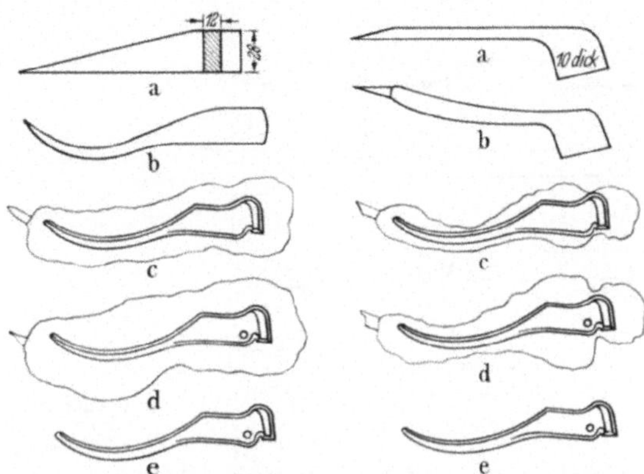

Bild 32 a — e. Arbeitsstufen eines Zangenteils, geformt vom Spaltstück unter dem Riemenfallhammer. Linke Seite ungünstige, rechts günstige Form der Spaltstücke.
a) Abgeschnittenes Stück; b) frei vorgeformtes Stück; c) im Gesenk vorgeformtes Stück; d) im Gesenk fertiggeformtes Stück; e) abgegratetes Stück.

b) *Schmieden von der Stange* (Bilder 33 bis 35). Diese Schmiedeart eignet sich in erster Linie für Stücke mit ausgesprochener Längsachse und einem nicht allzu großen Gewicht. Die Stangen sollen möglichst nicht über 2,5 m lang sein. da sie sonst zu schwer und unhandlich sind. Sie werden in fixen Längen, d. h. einem vielfachen der benötigten Einzelstücklänge, unter Berücksichtigung eines Zangenendes (Abfall) bestellt. Die Erwärmung erfolgt auf eine etwas größere Länge als für ein Stück benötigt wird. Das Schmieden wird in einem Gesenk durchgeführt, bei dem durch eine Aussparung die Zuführung der Stange möglich ist. Das Vorformen erfolgt unter einem Reckhammer oder einer Reckwalze. Das fertiggeformte Stück mit Grat wird von der Stange abgeschert. Das Entgraten erfolgt ebenfalls kalt. Auch auf Waagerecht-Stauchmaschinen lassen sich Gesenkformstücke von der Stange ohne besonderen Abfall schmieden.

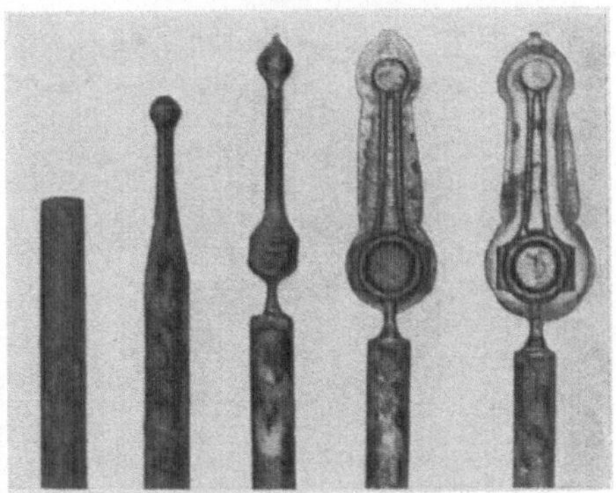

Bild 33. Gesenkformen von der Stange.
Von links nach rechts: Rohling als Stangenende, im Rollgesenk vor und fertiggerollt (Rollen oder Reckstauchen), im Vorgesenk geformt, im Fertiggesenk geformt.

c) *Schmieden vom Stück* (Bild 36). Bei geringen Stückgewichten ist das Arbeiten von der Stange dem Schmieden vom Stück überlegen. Das letztere dürfte jedoch bei Stückgewichten über 1 kg und bei besonderen Forderungen in bezug auf den Faserverlauf vorteilhafter sein. Das Vorrecken sehr langer Teile läßt sich vom Stück besser durchführen als von der Stange. Als sehr lang könnte gelten $l_1 : l_0 \geqq 2$ (l_0 = Ausgangslänge, l_1 = Endlänge). Stark gegliederte Schmiedestücke, unter Umständen mit Zapfen, benötigen bis zur Fertigstellung mehrere Arbeitsstufen, die nicht immer in einer Wärme ausgeführt werden

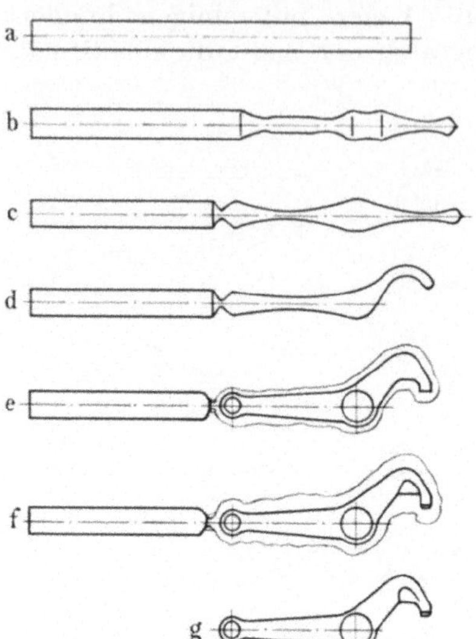

Bild 34 a — g. Arbeitsstufen einer Schaltgabel, von der Stange im Gesenk geformt unter dem Einständer-Lufthammer.
a) Rohling als Stangenende; b) gerecktes Stück; c) gerolltes Stück. d) abgebogenes Stück; e) im Gesenk vorgeformt; f) im Gesenk fertiggeformt; g) abgegratetes Stück.

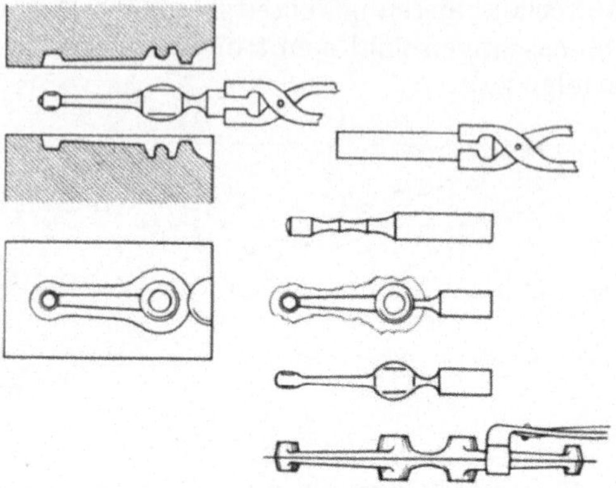

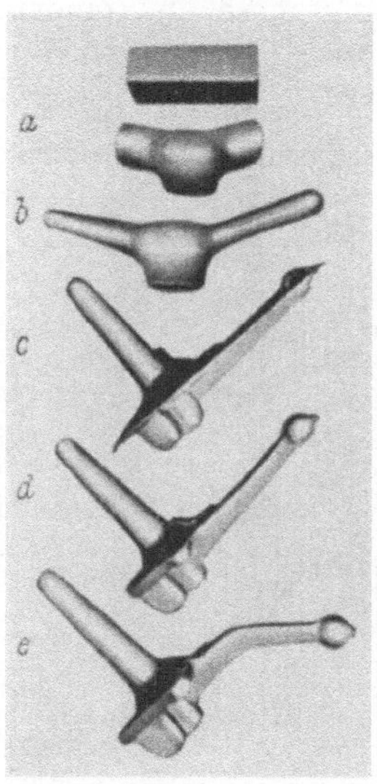

Bild 36. Gesenkformen vom Stangenabschnitt (Blöckchen). Fertigung eines Achsschenkels aus einem Vierkantblöckchen.
Bei *a* im Gesenk gepreßte Zwischenform; bei *b* unter Lufthammer ausgereckte Zapfen; *c* im Gesenk geformt mit Grat; *d* abgegratet; *e* gebogen und kalibriert.

Bild 35. Gesenkformen eines Hebels von der Stange, wobei zwei Hebel aus einem Stück entstehen.
Rechts die Ausgangsform mit Zwischen- und Endstufen; links oben der erste Hebel mit vorverteilter Masse im noch geöffneten Fertiggesenk, links unten Blick auf das Untergesenk.

können, z. B. durchsetzen, recken, biegen, gesenkformen, abgraten und nachrichten. Vielfach ist auch das Schmieden in mehreren Gravuren erforderlich, wobei in manchen Fällen ein Zwischenentgraten eingeschaltet werden muß.

Sehr lange Stücke, bei denen von der Mitte aus gesehen beide Enden spiegelbildlich sind, können hälftig in einem Gesenk, das dann wesentlich kürzer, jedoch größer als die Hälfte der Stücklänge ist, geschmiedet werden (Bilder 28 u. 35). Ungünstig ist die zweite Erwärmung der Stückmitte ohne wesentliche Umformung.

Das für das Schmieden vom Stück benutzte Vormaterial ist sogenanntes Halbzeug, meist vorgewalzt, seltener vorgeschmiedet. Die quadratische Abmessung, auch Knüppel genannt, besitzt gerundete Kanten. Da es nur vorgeformt ist, kann nicht unbedingt mit einer restlosen Beseitigung der Primärstruktur (Gußstruktur, vgl. Bild 1) gerechnet werden. Der Preis für Halbzeug ist geringer als für ausgewalztes Material. Vorsicht beim Abscheren des Stückes vom Knüppel! (Rißgefahr).

16. Ermittlung des Einsatzgewichtes. Der für die Herstellung der Schmiedestücke erforderliche Werkstoff wird in der Regel vom Walzwerk als Halbzeug (Knüppel) oder in fertiggewalzten Abmessungen je nach Größe und Gewicht der Stücke und dem anzuwendenden Umformverfahren geliefert. Bei der Bestellung der Abmessung des Ausgangsmaterials, besonders bei Knüppeln, ist darauf zu achten, daß bis zur größten Abmessung des Gesenformstückes noch eine genügende Durchschmiedung gewährleistet ist. Die im Halbzeug insbesondere bei größeren Abmessungen noch möglichen Reste der Primärstruktur des ursprünglichen Gußblockes müssen unter dem Einfluß des Schmiedevorganges restlos beseitigt sein, was nur bei ausreichender Tiefenwirkung gewährleistet ist. Die Primärstruktur gilt im allgemeinen als beseitigt, wenn eine etwa dreifache Durchschmiedung erfolgt, d. h. Blockquerschnitt zu größtem Querschnitt im Schmiedestück = 3:1. Der Walzvorgang kann mitgerechnet werden. Bei vielen, insbesondere legierten Stählen muß man ein größeres Verhältnis, etwa 5:1 oder mehr wählen.

Für den Materialeinsatz ohne Berücksichtigung der Art des Verfahrens bestehen verschiedene Begriffe (vgl. Bild 37). Unter *Einsatzgewicht* versteht man das Gewicht der zum Schmieden erforderlichen Werkstoffmenge. Hinzu kommen noch Zuschläge für Fertigungs-Ausschuß und gegebenenfalls Sägeschnitt, falls das Material nicht geschert wird. Man bezeichnet dieses Gewicht in seiner Gesamtheit als *Kontingentgewicht*. Dieses stellt für die Bestellung des Materials die Gesamtgewichtsmenge oder die periodisch abzurufende Gewichtsmenge dar. Das Einsatzgewicht ergibt sich als Summe aus dem Rohteilgewichten (oder Schmiedestückgewichten), dem Gratverlust und dem Abbrandverlust (Verzunderung). Das Rohteilgewicht wird errechnet oder durch Abwiegen vorhandener Musterstücke ermittelt. Das *Gratgewicht* ergibt sich aus der Form des

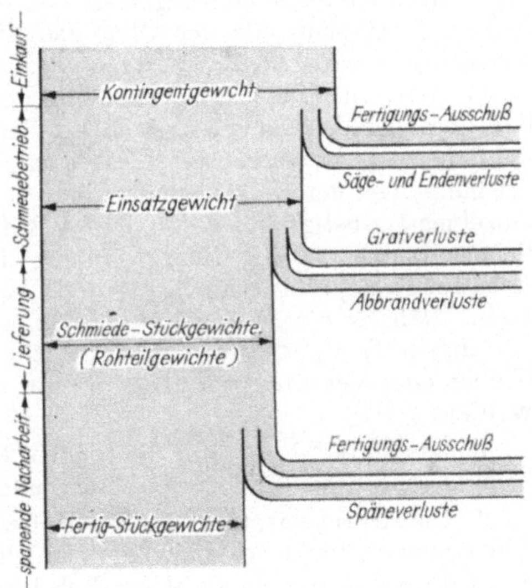

Bild 37. Gewichtsbegriffe im Schmiedebetrieb.

Schmiedestückes in der Trennfuge zwischen Ober- und Untergesenk. In einzelnen Fällen, bei komplizierten Formen in der Trennfuge, sowie bei kleinen und dünnen Stücken kann das Gratgewicht im Verhältnis zum Rohteilgewicht sehr groß sein. Durch entsprechendes Vorformen (Recken) des Ausgangsmaterials kann der Abfall herabgesetzt werden. Beim Formen von der Stange und vom Spaltstück hängt er stark vom Ausgangsquerschnitt bzw. der Gestalt des Spaltstückes ab. Das *Abbrandgewicht* ergibt sich aus der Zahl der Wärmen bis zur Fertigstellung, der Oberflächengestalt und der Ofenführung.

Das *Schmiede-Stückgewicht* ist das Gewicht des dem Besteller zugeleiteten Stückes. Aus ihm ergibt sich erst nach der Spanung das *Fertig-Stückgewicht*.

Für das *Trennen* der zum Einsatz notwendigen Abschnitte vom Walzmaterial gilt die Forderung, daß die Trennflächen eben und möglichst parallel sein müssen. Auch dürfen sich keine Risse bilden, die sich beim anschließenden Stauchen aufweiten und zu Ausschuß führen können. Das Trennen erfolgt durch Sägen, Scheren und Brechen. Beim *Sägen* nachteilig ist der Schneideverlust (Sägeblatt 4 bis 10 mm stark), bei stärkeren Abmessungen auch noch der Zeitverlust. Oft stören auch die Sägeriefen.

Das *Kaltscheren*, das bei Vierkant- und Rundmaterial meist mit Formmessern durchgeführt wird, ergibt höhere Stückleistungen. Es kann jedoch an den Stirnflächen zu Anrissen kommen. Im Freien lagerndes Material ist bei Kälte zweckmäßig vor dem Scheren anzuwärmen, da sonst keine glatten, sondern gewölbte, wenn nicht sogar rissige Trennflächen entstehen. Das *Brechen* wird selten angewendet. Es erfordert eine Einkerbung, die mechanisch oder mit Schneidbrenner (Vorsicht vor Wärmespannungen) hergestellt werden kann.

Ein häufiges Überprüfen der Abschnittgewichte ist zu empfehlen, zumal bei Halbzeug. Der Endenabfall ist festlegbar und sollte nicht mehr als 5 bis 7% des Einsatzgewichtes betragen.

17. Erwärmen des Schmiedegutes. Wie in jedem Warmbetrieb so besitzen auch in der Gesenkschmiede der Ofen und die Erwärmung des Schmiedegutes eine weitgehende *wirtschaftliche Bedeutung.* Die Energieversorgung kann verschiedener Art sein. Die Einzelbeheizung der Öfen durch Kohle oder Koks dürfte der Vergangenheit angehören. Statt dessen hat sich Gas, Öl und Elektrizität als Beheizungsart eingeführt. Das Übergewicht der einen oder anderen Energieart hängt von den verschiedenartigen, z. T. natürlichen Voraussetzungen in den einzelnen Industrieländern ab, wie z. B. Öl oder Elektrizität. Neben den eigentlichen Kosten für die Energieeinheit sind noch die Anlagekosten, sowie die Erhaltung, Reparaturhäufigkeit und Wartung (Personalkosten) zu berücksichtigen. Näheres hierzu siehe [10, 30, 34, auch Werkstattblätter].

An ein Wärmeaggregat, gleichgültig welchem Zweck (Walzen, Schmieden, Glühen oder Vergüten) es dient, müssen allgemein folgende Forderungen gestellt werden:

1. Das Material muß auf die für den Prozeß erforderliche Arbeitstemperatur, beim Gesenkformen auf etwa 1150 °C und höher, gebracht werden.

2. Die Durchwärmung muß gleichmäßig gut sein. Bei unterschiedlichen Abmessungen im Stück darf auch an den stärksten Stellen kein allzu großer Temperaturunterschied zwischen Rand und Kern bestehen. Diese Gleichmäßigkeit wird am besten durch eine Regelung erreicht.

3. Die Aufheizung und das Halten der Temperatur muß mit einem geringen Aufwand an Energieeinheiten und Wartung möglich sein.

4. Die bei der Erwärmung nicht vermeidbare Verzunderung soll so gering wie möglich sein.

5. Die Erwärmung soll mit dem Fertigungsgang am Hammer oder an der Presse in einem entsprechenden Arbeitsrhythmus stehen.

Die aus der Energie umgesetzte Wärme teilt sich in Abgasverluste, Arbeitsraumverluste und Nutzwärme auf. Da der feuerungstechnische Wirkungsgrad meist sehr gering ist, z. B. bei schneller Stückfolge (häufiges Öffnen der Ofentür) sind Maßnahmen zur Verbesserung zu suchen, wie etwa bei einer Gasbeheizung durch Senken der Abgastemperatur, Vorwärmen des Einsatzgutes in einer u. U. mit dem Ofen verbundenen und durch Abgase beheizten Vorwärmekammer oder Vorwärmen von Luft und Gas. Im allgemeinen wird mit einem Luftüberschuß von max. 5% gearbeitet, um eine zu starke Verzunderung zu vermeiden. Bei stark wechselndem Arbeitsprogramm ist auch die Herdflächenbelastung (kg/m²h) unregelmäßig.

Gegenüber der Erwärmung des Schmiedegutes mit Kohle, Koks, Gas, Öl und elektrischer Widerstandsbeheizung in Kammer-, Stoß- und Drehherdöfen sowie durch Kontaktbacken stellt das *induktive Erwärmen* [11 u. VDI 3132] eine ganz davon abweichende Art dar (Bild 38). Das Prinzip ist folgendes: Der metallische Werkstoff (Knüppelabschnitt, Blöckchen) wird in das magnetische Feld einer Spule, die mit Wechselstrom gespeist ist, gebracht. Hierdurch entstehen Wirbelströme im Werkstoff, die infolge seines Widerstands zur Erwärmung führen. So wird aus dem Inneren heraus Wärme erzeugt. Die Erwärmungszeit kann vorbestimmt werden. Sie ist vom Querschnitt abhängig. Obwohl es sich um eine Einzelerwärmung handelt, kann sie wirtschaftlicher sein als eine Mengenerwärmung. Außerdem gibt es keine Rauch- und Abgasbelästigung und nur noch vom mittelgroßen Werkstück an absstrahlende Wärme. Weiterhin her-

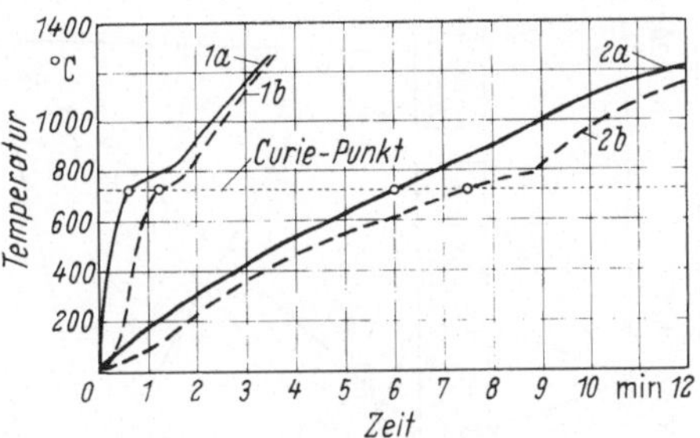

Bild 38. Zeitbedarf bei Gas- und Induktionserwärmung. *1* Induktionserwärmung; *2* Gaserwärmung.

vorzuheben ist die geringe Zunderbildung, die zur Schonung der Gesenke beiträgt. Die leichte Steuerbarkeit dieser Energie bietet die Möglichkeit zu einer automatischen Arbeitsweise, obwohl auch andere Erwärmungsarten diese nicht ausschließen.

Bei allen denjenigen Erwärmungsarten, bei denen mit einer Verzunderung oder mit Randentkohlung gerechnet werden muß, empfiehlt sich eine möglichst kurze Wärmzeit, wie auch eine annähernd neutrale Ofenatmosphäre. Der *Abbrandverlust* beträgt pro Erhitzung rund 3% des Einsatzgewichts. Die anhaftende Schicht muß vor dem Einlegen des Stückes in das Gesenk durch Abbürsten (Drahtbürste) oder Absprühen mit Druckwasser entfernt werden.

18. Genauschmieden. Die wirtschaftliche Notwendigkeit, Werkstücke mit geringsten Bearbeitungszugaben und engsten Maßabweichungen in großen Stückzahlen herzustellen, zwingt dazu, die Fertigung bei kleinstem Aufwand nach wissenschaftlichen und praktischen Gesichtspunkten durchzuführen. Die Einrichtung der Forschungsstelle Gesenkschmieden an der TU Hannover, wie auch die Erfahrungen, die durch den wachsenden Bedarf und die erhöhten Stückzahlen gemacht wurden, haben dazu wesentlich beigetragen.

Für das übliche Schmiedestück reichen die Angaben in DIN 7523/24 (Gestaltung von Schmiedestücken und zulässige Abweichungen) aus. Wird jedoch die Forderung gestellt, daß die Stücke weitgehend unbearbeitet bleiben, außerdem nur an Paß- und Laufstellen um wenige Zehntelmillimeter spanend nachgearbeitet werden, so ist hierzu ein höherer Fertigungsaufwand in der Schmiede erforderlich. Die Stückgestalt, der Werkstoff und die Stückzahl beeinflussen die wirtschaftlichen Grenzen. Wirtschaftlich ist die Herstellung eines sog. Genauschmiedestückes nur dann, wenn die sich ergebenden zusätzlichen Kosten durch entsprechend größere Einsparungen an Material, Bearbeitungskosten u. a. auf die Gesamtkosten günstig auswirken. Dies ist z. B. der Fall, wenn unter normalen Bedingungen gerundete Kanten und Übergänge erhebliche Bearbeitungszugaben erforderlich machen. Sollen diese vermieden werden, so sind entweder Konstruktionsänderungen oder andersartige Umformverfahren erforderlich.

Die Einflüsse, die sich durch mittelbare und unmittelbare Verknüpfungen auf die Genauigkeit von Gesenkformstücken ergeben, sind der Übersicht in Bild 39 zu entnehmen. Durch Genauschmieden lassen sich Schmiedestücke mit einer Toleranz von ± 0,2 mm herstellen, neben den für jedes Schmiedestück erforderlichen Maßnahmen, wie u. U. auch bis zu ±0,1 mm.

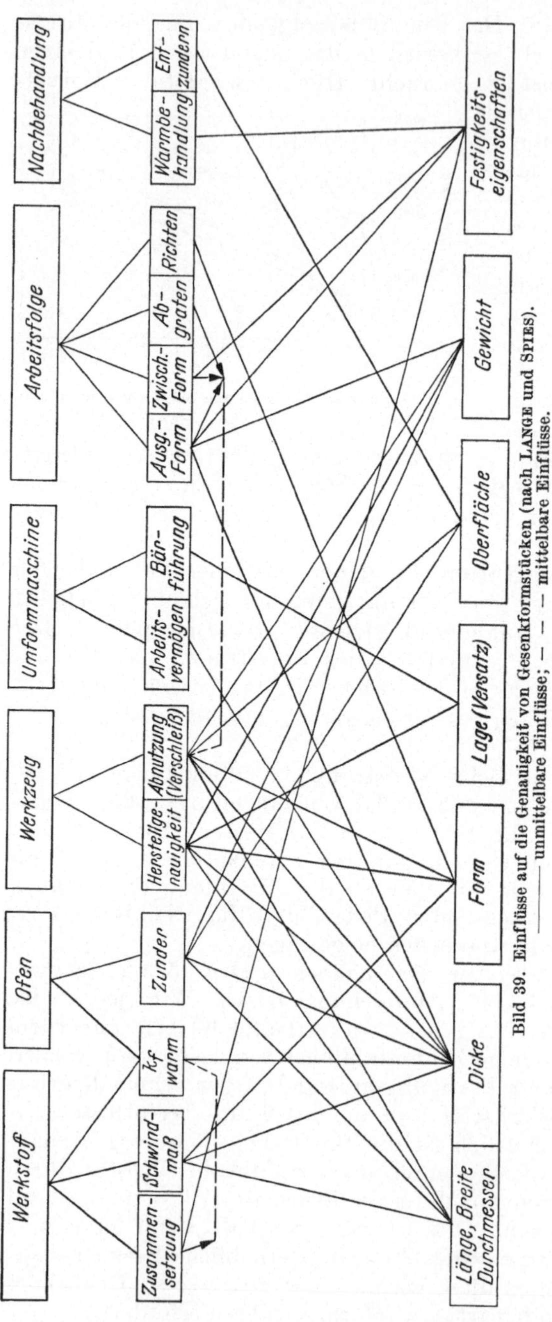

Bild 39. Einflüsse auf die Genauigkeit von Gesenkformstücken (nach LANGE und SPIES). —— unmittelbare Einflüsse; — — — mittelbare Einflüsse.

Verwendung eines einwandfreien Werkstoffes,
gute Durchwärmung bis zum Kern des Stückes,
Vermeidung örtlicher Überhitzung,
gute Entzunderung vor dem Umformen und
Vorformen (Recken),

muß die Formgebung in mehreren Stufen, d. h. Gravuren, die aufeinander abgestimmt sind, durchgeführt werden. In dem letzten Gesenk wird eine Maßprägung (vgl. Abschn. 19) vorgenommen, wenn nicht ein einfaches Nachprägen (kalt) vorgezogen wird. Die Gütegrade und den hierzu erforderlichen Fertigungsablauf stellt die Übersicht in Bild 40 dar. Weiterhin ist eine ständige Kontrolle bezüglich auftretender Maßabweichungen, die durch den Gesenkverschleiß bedingt sind, erforderlich. Auch die Veränderung der Gravuroberfläche, gekennzeichnet durch Aufrauhungen, Risse und Riefen, ist zu beachten. Die Lebensdauer von Gesenken zum Genauschmieden beträgt etwa 70 bis 80% der von Normalschmiedestücken.

Insgesamt gesehen sind letzten Endes alle Einflüsse von Maschine, Werkzeug, Werkstückstoff, Ofen und ihr Zusammenwirken von Bedeutung, um das Genauschmieden erfolgreich durchzuführen.

19. Maßprägen (Kalibrieren).

Der häufig gewünschte Wegfall spanender Nacharbeit und die damit sich ergebende Einsparung von Material sowie die Senkung der Herstellkosten, hat zum sogenannten *Maßprägen* oder *Kalibrieren* geführt. So wurden die in Bild 41 wiedergegebenen Stücke für den Kraftfahrzeugbau früher vorzugsweise an den gegenüberliegenden parallelen Flächen gefräst, plangedreht und geschliffen. Hierdurch wurden nicht immer die vom Kunden gefor-

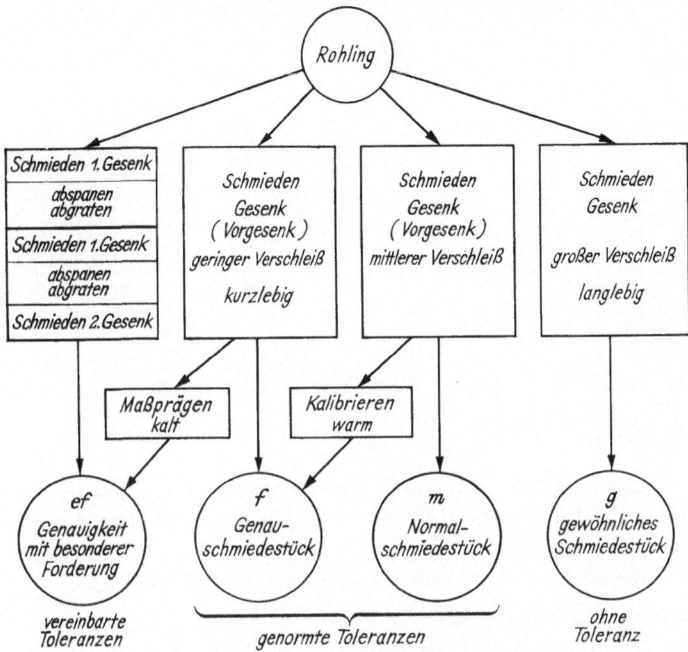

Bild 40. Gütegrade und Fertigungsablauf beim Gesenkformen.

derten Oberflächengüten erzielt. An die Stelle der Spanabhebung trat mit Erfolg das Maßprägen. Die unbearbeiteten Werkstücke werden kalt zwischen gehärtete Platten gelegt. Der nunmehr anzuwendende Druck verursacht bei geringer Geschwindigkeit eine Stauchung. Je cm² muß mit annähernd 20 Tonnen Preßkraft gerechnet werden.

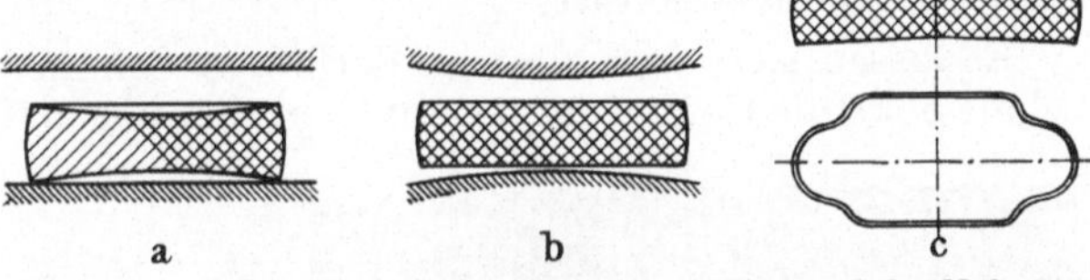

Bild 41a—c. Maßnahmen zur Erzielung ebener Flächen beim Maßprägen [nach W. u. B. (1962) H. 4]. a) Konkave Oberfläche bei zylindrischen Schmiedestücken; b) konvexe Prägestempel; c) nach innen geneigte Oberfläche bei länglichen Werkstücken.

Bei der erreichbaren Genauigkeit ist zu berücksichtigen, daß infolge des elastischen Anteils bei der Stauchung des verformten Materials das Stück nachher eine größere Höhe aufweist, als es unter Druck zwischen den Platten besaß. Die erzielbare Oberflächengüte ist von der Rauheit der Werkzeuggravur abhängig. Die Entfernung des Zunders vor dem Prägen wird vorausgesetzt.

20. Elektrostauchen. Auch dieses Verfahren kann als eine Art genauester Formgebung angesprochen werden. Nach ihm lassen sich Stücke herstellen, die in ihren Abmessungen Fertigteilen sehr nahekommen. Die Herstellung eines Ventilkegels z. B. spielt sich wie folgt ab (Bilder 42 u. 43):

Das gezogene oder geschliffene, auf Länge abgeschnittene Material wird in die senkrechte oder waagerechte Elektro-Stauchmaschine (vgl. Bilder 10 und 70) eingelegt. In wenigen Sekunden ist durch den Heizstrom die Länge l des Rundstahles erhitzt. Durch den nun einsetzenden Stauchvorgang wird das erhitzte Ende zwiebelförmig vorgestaucht. In gleicher Hitze kann unter einer benachbarten Friktions-Vincentpresse die Fertigformung des Ventilkegels erfolgen (Bild 44). Bei dieser Herstellart besteht die Möglichkeit, gleichzeitig an zwei Stauch-

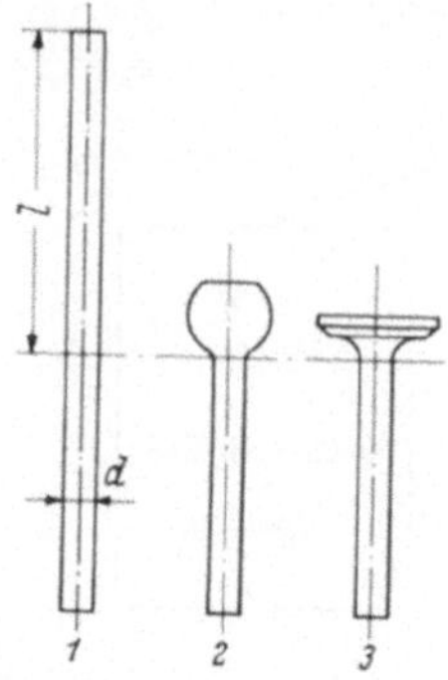

Bild 42. Senkrechtstauchen eines Tellerventils.
1 Rohling mit der zu erwärmenden Stauch-
länge *l*;　*2* angestauchte Zwischenform;
3 formgepreßt.

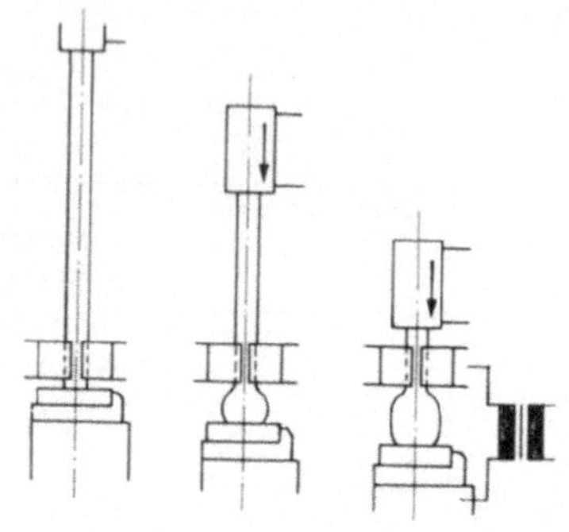

Bild 43. Waagerechtstauchen an Elektro-Stauchmaschine.

maschinen vorzustauchen und auf einer Presse fertigzustauchen. Die Kegel sind so genau, daß nach dem Härten nur noch ein Schleifen der Paßflächen erforderlich ist.

Die sich durch dieses Verfahren ergebenden Vorteile sind:

gleichmäßige Erwärmung,
genaue Einhaltung der Temperatur,
für das Stück richtiger Faserverlauf,
schwache Zunderbildung,
geringe Bearbeitungszugabe und somit Werkstoffersparnis,
niedriger Wärmeaufwand, da Erwärmung auf die Stauchzone begrenzt,
geringe Stauchkraft.

Es lassen sich nach diesem Verfahren Schmiedestücke mit beliebig langem Schaft ohne die Gefahr des Ausknickens herstellen. Die Ausführung kann waage-

Bild 44. Reibspindelpresse zum Formpressen von Tellerventilen. Vorn fertige Werkstücke (Hasenclever).

Bild 45. Schmiedemaschine zum Formrundkneten. Vorn die geneigten Antriebsrollen für Rund- und Längsvorschub; dahinter der Schmiedekasten mit den vier Knetbacken (Kieserling & Albrecht).

recht oder senkrecht (geringer Platzbedarf!) je nach der Maschinenart als Freiform- oder Gesenkstauchen erfolgen. Ein Schmiedeofen ist nicht erforderlich. Auch kann die Arbeit von angelernten Kräften durchgeführt werden.

21. Sonderverfahren. Eine Besonderheit stellt das *Feinschmieden* für Rundteile dar. Das Verfahren ist ein Streckverfahren, ähnlich dem Walzen. Der Werkstoff fließt in Längsrichtung. Es können abgesetzte Achsen und Wellen großer Längen, profilierte Rohre, sowie vorgepreßte Näpfe zu Hohlkörpern geschmiedet werden. Die Durchmessertoleranzen liegen bei $\pm$ 0,2 mm. Das in einem Schmiedekasten eingespannte Werkstück wird an vier Stellen axial-

Bild 46. Rohrschmiedemaschine mit angebauter Induktionserwärmungsanlage für Schrotflintenläufe. Preßkraft bis 100 Mp (Ges. für Fertigungstechnik u. Maschinenbau).

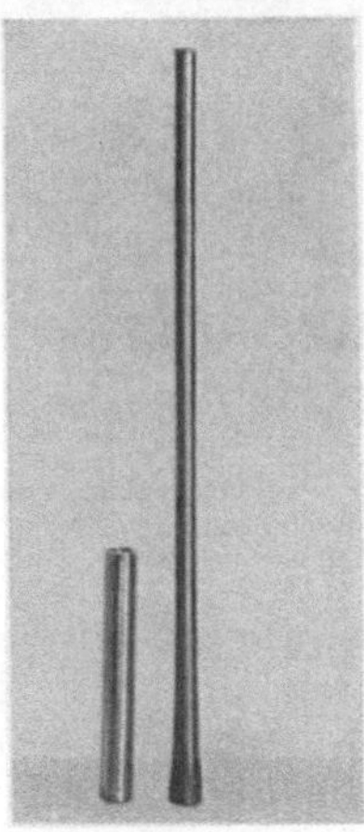

Bild 47. Rohteil und ein warm durch Formrundkneten vorgeformter Lauf (Ges. für Fertigungstechnik u. Maschinenbau).

symmetrisch gleichzeitig bearbeitet (Bild 45). Bei Hohlkörpern erfolgt die Schmiedung über einem Dorn.

Diese Arbeitsweise eignet sich speziell für die Fertigung von Schußwaffenläufen, wobei zwar meist kalt geschmiedet wird. Ein Warmschmieden wird bei Schrotläufen angewendet. Die Bilder 46 und 47 zeigen die *Rohr(Dorn-)Schmiedemaschine* sowie das Rohteil und den warm vorgeformten Flintenlauf. Die Länge vor dem Schmieden beträgt 290 mm, nach dem Schmieden 685 mm, die Schmiedezeit 90 Sekunden. Danach wird der Lauf normalisiert, gebeizt, entzundert und kalt über einem Dorn fertiggeformt.

22. Schweißen als Ergänzungsverfahren. Da dem Gesenkformen bei bestimmter Gestalt, z. B. bei Unterschneidungen und Hohlkörpern, im Gegensatz zum Gießen Grenzen gesetzt sind, brachte das Fügen zweier oder mehrerer gesenkgeformter Teile durch die erst vor einiger Zeit entwickelten besonderen Schweißverfahren eine beachtliche Erweiterung. Jetzt können wesentlich mehr Teile in den Bereich des Gesenkformens einbezogen werden, wobei die besseren Eigenschaften des geschmiedeten Stahles sich günstig auswirken. Als Fügeverfahren kommen nur einwandfreie, maschinelle Schweißverfahren, kein Handschweißen, in Frage und zwar das Abbrenn-Stumpfschweißen, sowie das Lichtbogenschweißen unter Pulver oder Schutzgas.

Als besonders typisch sei ein Ventilgehäuse angeführt (Bild 48). Die im Gesenk geformte Doppelschale wird nach dem Aufpanzern und Bearbeiten der Sitzflächen durchsägt. Beide Hälften werden nach dem Abbrennstumpfschweißverfahren — bei größeren Gehäusen durch Lichtbogenschweißung (Ellira-Verfahren) — gefügt. Nach dem Bearbeiten der Schweißfasen werden die Flansche an den Gehäusekörper geschweißt. Alle Schweißarbeiten werden auf automatisch arbeitenden Maschinen vorgenommen.

Handräder aus Stahl (Bild 49) lassen sich aus im Gesenk geformten Kleinteilen, wie Nabe, Speichen und Kranzsegmenten durch Schweißen fügen. Dies erfolgt auf Schweißautomaten und zwar so, daß ein Nachrichten nicht mehr erforderlich ist.

Beim Aufschweißen von Flanschen an die Stutzen eines Gehäusekörpers nach dem Lichtbogenverfahren sind Wülste vorgesehen, die später abgedreht werden. Dadurch wird u. U. die nicht durchgeschweißte Wurzel weggearbeitet (Bild 50). Auch das Zusammenschweißen von im Gesenk geformten

Bild 48· Hochdruck-Ventilgehäuse aus gesenkgeformten Stahlteilen durch Schweißen gefügt (Siepmann GmbH).

Kurbelwellenwangen mit je einem halben Lagerzapfen ist möglich, wobei dann jede Winkelstellung der Hübe hergestellt werden kann. Eine Vereinfachung des Formens stellt auch das Faltverfahren dar (Bild 51). Hinzuzufügen wäre noch, daß auch Werkstücke aus unterschiedlichen Werkstoffen, von denen eins oder beide Teile geschmiedet wurden, verschweißt werden können.

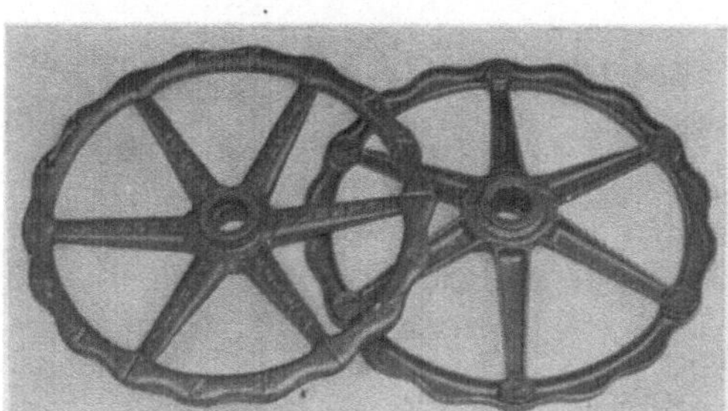

Bild 49. Stahlhandrad für Stahlarmaturen aus gesenkgeformten Teilen durch Schweißen gefügt. Speichen und Griffkranzsegmente als kostensenkende Wiederholteile im gleichen Stück (Siepmann GmbH).

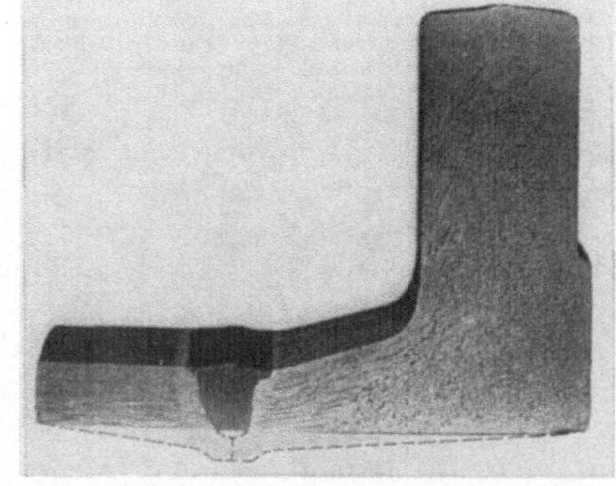

Bild 50. Um gute Durchschweißung bei Stahlflanschen zu erhalten, werden Wülste für die Nahtstelle im Gesenk vorgesehen (gestrichelt), die bei der spanenden Nacharbeit entfernt werden (Siepmann GmbH).

Bild 51 a u. b. Herstellung eines gesenkgeformten Federbundes durch nachträgliches Biegen und Schweißen.

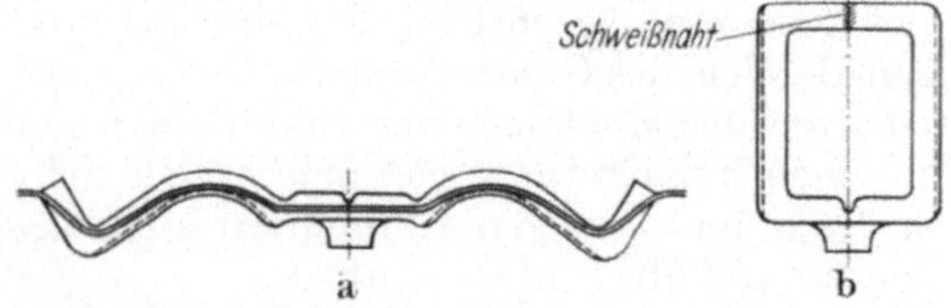

IV. Nachbehandlung und Gütesicherung

23. Wärmebehandlung nach dem Schmieden. Weitaus der größte Teil aller Schmiedestücke wird nach der Fertigformung noch einer Wärmebehandlung zur Verbesserung der Werkstoffeigenschaften unterzogen. Die einzelnen Verfahren sind im DIN-Blatt 17014 ihrem Zweck nach erläutert. Es handelt sich dabei um nachstehende, meist vom Auftraggeber geforderten Endzustände:

> normalisiert, normalgeglüht, um gleichmäßiges, feines Korn zu erhalten,
> geglüht, weichgeglüht oder grobkorngeglüht zur besseren Bearbeitbarkeit durch Spanen,
> vergütet (gehärtet und angelassen),
> einsatzgehärtet (aufgekohlt und gehärtet in den Oberflächenzonen),
> oberflächengehärtet (brenn- oder induktivgehärtet).

Die beiden letztgenannten Behandlungen werden meist erst nach spanender Bearbeitung vorgenommen. Da auf Einzelheiten nicht eingegangen werden kann, sei auf die einschlägige Literatur [5, 11, 16] verwiesen. Auch die Normblätter DIN 7528 (Wärmebehandlung von Schmiedestücken) sowie DIN 17200 (Vergütungsstähle) und 17210 (Einsatzstähle) geben entsprechenden Aufschluß.

Bei der Auswahl des Werkstückstoffes und der für seinen Endzustand vorgesehenen Wärmebehandlung ist eine genaue Kenntnis der Beanspruchungen, denen das Stück ausgesetzt werden soll, unerläßlich. So sollte z. B. der Konstrukteur wissen, daß bei unlegiertem Vergütungsstahl nur eine Durchvergütung

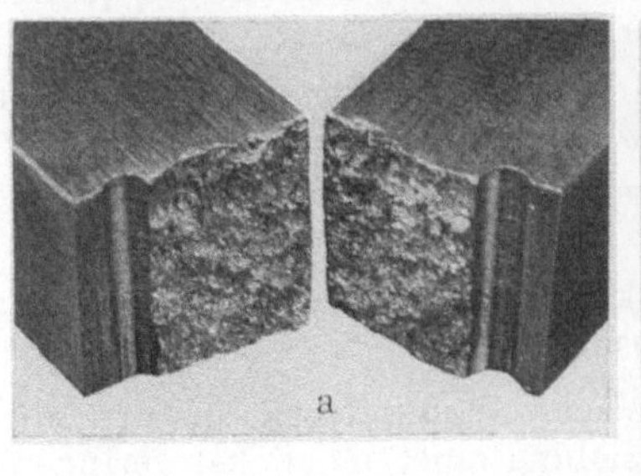
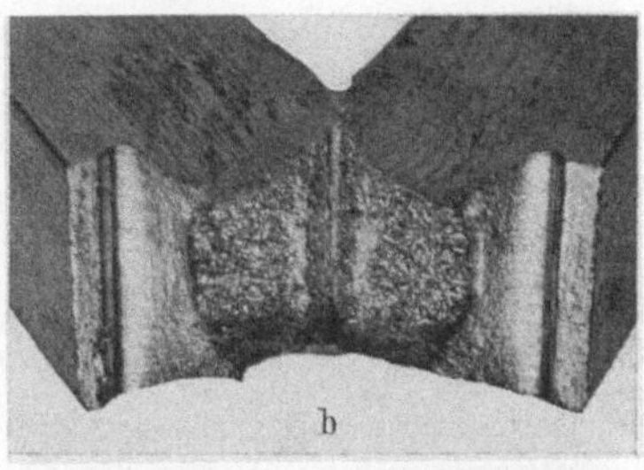
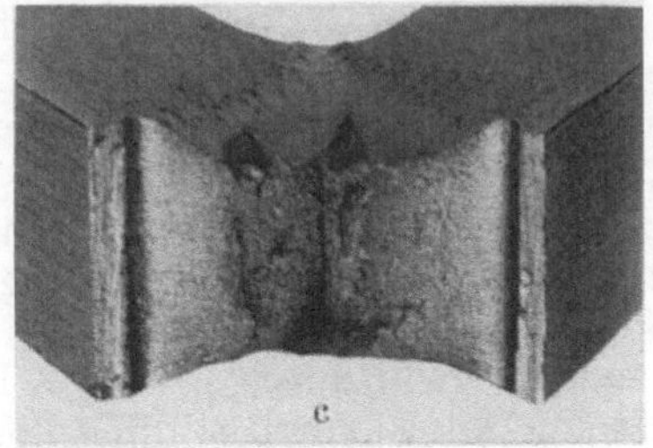

Bild 52 a—c.. Bruchaussehen von Kerbschlagbiegeproben nach unterschiedlicher Vorbehandlung.
a) Walzstahl im Anlieferungszustand. Der glatte Trennungsbruch läßt auf geringe Kerbzähigkeit schließen; b) gute Kerbzähigkeit mit verformter Bruchstelle; c) sehr gute Kerbzähigkeit an einer stark verformten Bruchstelle.

bis zu etwa 40 mm Wanddicke gewährleistet werden kann. Bei Schmiedestücken, die an einzelnen Stellen eine größere Wandstärke aufweisen, können im Kern keineswegs die normalen Vergütungskennwerte für Streckgrenze, Zugfestigkeit, Dehnung und Kerbschlagzähigkeit (Bild 52) erwartet werden. In solchen Fällen ist ein legierter Stahl vorzuschreiben. Das Stahl-Eisen-Prüfblatt 1650/61 (Stirnabschreckversuch nach JOMINY) gibt Auskunft über Härtbarkeit und Durchvergütung.

3*

Die sogenannte Gestaltfestigkeit des Konstruktionsteiles muß unter allen Umständen berücksichtigt werden. Sie ist abhängig von der Gestalt des Stückes und seiner Oberflächengüte. Hierdurch werden die üblichen Kennwerte ganz anders als an einfachen Proben ausfallen. Schroffe Übergänge, scharfe Nuten und Bohrungen sind wegen ihrer Kerbwirkungen zu vermeiden.

Leichtmetalle, besonders Aluminium und seine Legierungen verhalten sich anders. Man muß hier bei den Knetlegierungen zwischen aushärtbaren und nicht aushärtbaren unterscheiden. Beim Vorgang der Aushärtung unterscheidet man ein Lösungsglühen, ein Abschrecken und ein Auslagern [18]. Warmgeformte Teile haben meist keine Entfestigungs- oder Erholungsglühung notwendig.

Kupferlegierungen (Messing und Bronze) bedürfen einer genau einzuhaltenden Wärmebehandlung wegen der bei ihnen auftretenden verschiedenen Kristallgitterformen.

24. Verzunderung und Randentkohlung. Sowohl bei der Erwärmung zur Warmformung als auch bei der Nachbehandlung der fertigen Stücke durch Normalisieren, Glühen oder Vergüten bildet sich auf der Oberfläche Zunder aus Oxyden, die sich in der Ofenatmosphäre bilden. Auch während der Umformung entsteht stets eine neue, wenn auch nicht mehr so starke Zunderschicht. Luft enthält etwa 20% ungebundenen Sauerstoff.

Die Zunderbildung hat folgende Nachteile:

1. Sie bedeutet Gewichts- und Stoffverluste, die mit rd. 3% je Erwärmung schon dem Einsatzgewicht zugeschlagen werden müssen.

2. Zunder kann in die Oberfläche des Schmiedestückes eingepreßt werden und zwar tiefer als es den Bearbeitungszugaben entspricht.

3. Die Entfernung des Zunders verursacht Kosten. Die Oberfläche des Stückes verliert danach an Aussehen.

4. Der Zunder verstärkt den Gesenkverschleiß wie auch die Abnutzung der spanenden Werkzeuge (Standzeitminderung).

Temperatur, Temperaturregelung, Wärmzeit und Werkstoffsorte sind die für die Zunderbildung wie auch für die Erzielung einer möglichst geringen Zunderschicht maßgeblichen Faktoren. Mechanische (Stauchen) oder hydraulische (Wasserstrahl) Entzunderung vor dem Schmieden ist erforderlich. Außerdem wird das Stück während des Schmiedens gelüftet und der abgefallene Zunder aus dem Untergesenk geblasen. Das fertige Gesenkformstück wird gesandstrahlt, gebeizt (chemische Entzunderung) oder gebürstet.

Hand in Hand mit der Verzunderung geht auch eine bis zu etwa 0,5 mm tiefe Randentkohlung. Störend wirkt diese Entkohlungszone bei der Oberflächenhärtung, falls sie nicht durch spanende Bearbeitung vorher entfernt wurde. Zur Einschränkung der Randentkohlung kommen die gleichen Maßnahmen wie bei der Einschränkung der Zunderbildung zur Anwendung.

Zur Vermeidung des Zunders muß eine Schutzgasatmosphäre angewendet werden [1,5], was jedoch den Betrieb verteuert. Zunderarme Erwärmungsarten sind die induktive Erwärmung, die elektrische Widerstandserwärmung und die Erwärmung im Salzbad. Bei den ersten beiden Arten spielt die relativ kurze Wärmzeit, die kaum eine Zunderbildung zuläßt, eine maßgebliche Rolle. Letztere Art bringt bei einer bestimmten Salzzusammensetzung noch die Möglichkeit, eine Veränderung des C-Gehaltes in den Randzonen zu verhüten.

25. Werkstoffkontrollen in der Schmiede. Da für die Herstellung einwandfreier Gesenkformstücke auch ein fehlerfreier Werkstoff unbedingte Voraussetzung ist, muß eine Kontrolle des Werkstoffes bei Eingang des Vormaterials stattfinden. Sie gliedert sich in:

1. Kontrolle der Bezeichnung des eingehenden Materials, Feststellung von Abmessung und Gewicht;

2. Stichproben zur Überprüfung der Einhaltung der chemischen Analyse bei dem angelieferten Stahl, evtl. Funkenprobe, Untersuchung auf Seigerungen und Schlackeneinschlüsse [4, 13];

3. Oberflächenkontrolle, Beizen und Fluoreszenzprüfung zur Aufdeckung von Rissen und Überwalzungen;

4. Stauchprobe zur Feststellung der Stauchbarkeit und von Oberflächenfehlern;

5. Charakteristische mechanische Prüfungen nach Wärmebehandlung von Proben (Einsatz- und Vergütungsstähle);

6. zerstörungsfreie Prüfungen durch Ultraschall, magnetische Rißprüfung, Magnatest-Gerät nach Förster.

Auch während der Formung sind Zwischenkontrollen, jedoch anderer Art erforderlich, wie etwa:

1. Maßkontrollen am Stück;

2. Kontrolle der Ofentemperatur, Aufheizzeit, Wärmdauer und Ofenatmosphäre;

3. Prüfung des Faserverlaufes;

4. Beizen zur Feststellung von Rissen, die beim Schmieden aufgetreten sein können.

Hieran schließen sich noch Fertigkontrollen vor dem Versand an, sowie die Prüfungen, die sich gemäß den Abnahmebedingungen (amtliche und nicht amtliche) ergeben, z. B. eine Verdrehprobe nach Bild 53.

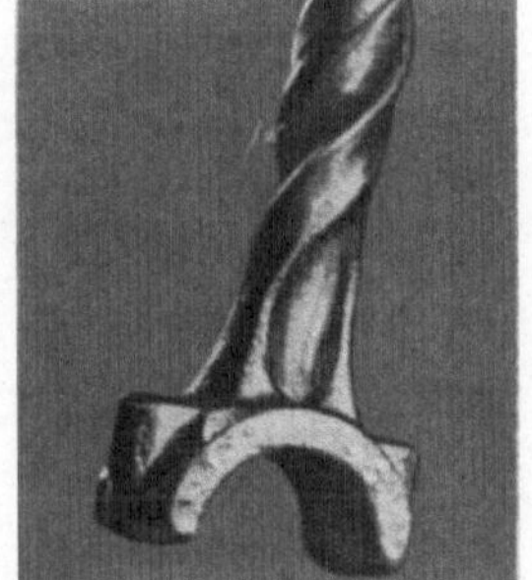

Bild 53. Verdrehprobe eines Pleuels als Abnahmeprüfung

26. Fehler an Gesenkformstücken. Die am Gesenkformstück auftretenden Fehler können werkstofflich oder verfahrenstechnisch bedingt sein. Man wird gut tun, durch laufende Kontrollen den Fehler da zu erfassen, wo er erstmalig auftritt. Viele Fehler, besonders beim Werkstoff, können so noch behoben werden, während sie sich beim Fortgang der Umformung vergrößern, z. B. Risse. Neue Fehler (Risse) entstehen auch bei allzu tiefen und nicht ausgeglichenen Riefen durch den Preßluftmeißel beim Entfernen von Rissen. Wird nämlich der Meißel allzu steil angesetzt, so entsteht eine zu tiefe Furche im zu verputzenden Vormaterial. Werden die Ränder nicht beigeschliffen, so entstehen bei der späteren Formung Falten, die sich dann als neue Fehler ausweisen. Für einige Fehler stellt die Tab. 2 (nach Lange) Ursachen, Folgen und Abhilfe zusammen.

Die Bilder 54a bis e zeigen Untersuchungsergebnisse an einem Achsschenkel, der beim Vorformen riß. Der Riß verlief zunächst nur zu den Stellen *a* und *d*. Bei der vorliegenden mit Verunreinigungen bei *b* und *c* durchsetzten Beschaffenheit des Werkstoffes, wären bei weiterer Verschmiedung die vorhandenen Risse bis nach diesen Punkten weitergelaufen. Bild 54f zeigt überdies eine zusätzlich vorliegende Randentkohlung.

Tabelle 2. *Erfassung von Einzelfehlern, die die spanende Bearbeitung erschweren, und deren Abhilfe* (nach LANGE)

Fehler	Ursache	Folge	Abhilfe in der Schmiede	Abhilfe mechan. Fertigung	Kontrolle
1. Verbiegen beim Entfernen aus dem Gesenk	Kleben im Gesenk, zu kleine Gesenkschräge	Formabweichungen, Bearbeitungsflächen werden nicht sauber, Stichmaße nicht einzuhalten, Schnittiefenschwankung bei der Bearbeitung	Richten, warm oder kalt (Kalibrieren) Größere Gesenkschräge, Sägespäne, Öl, Soda, Viehsalz als Mittel gegen Kleben, glatte Gesenkoberfläche	Selten möglich	Konturschablonen, Vorrichtungen, die der Erstaufnahme bei Bearbeitung entsprechen
Entgraten	Ungenügende Unterstützung des Rohlings		Unterstützung des Rohlings auf der gesamten Form, Schnittstempel der Rohlingsform anpassen	Nachrichten von langen Teilen	
beim Ablegen des warmen Rohlings	Zu starke Beanspruchung des schmiedewarmen Rohlings durch Werfen		Vorsichtiges Ablegen, Rutschen auf schiefer Ebene		
bei der Wärmebehandlung	Wärmespannungen		Richtige Ofenführung bei der Vergütung		
2. Verschleiß	Abnutzung des Gesenkes, Untergesenk schneller als Obergesenk	Formabweichungen, Maßabweichungen	Warmprägen, kaltprägen, sorgfältige Massenverteilung, geringe Formänderung im Fertiggesenk, rechtzeitiges Nachsetzen des verschlissenen Gesenkes	Richtige Wahl der Bestimm- u. Spannflächen, Nachstellen der Bestimm- u. Spannelemente bei systemat. Fehlern, Bearbeitung in der Reihenfolge der Abschmiedung	Maßkontrolle mit Schieblehre Maßkontrolle in Vorrichtungen
3. Nicht voll	Verwalzt, zu kleines Einsatzgewicht, schlechte Vorform, falsches Einlegen	Maßabweichungen Formabweichungen	Richtiges Einsatzgewicht, bessere Vorform, größere Sorgfalt	Auf Bestimmflächen unbrauchbar, Auf Bearbeitungsfläche tragbar, wenn Abweichungen innerhalb Bearbeitungszugabe	Sichtkontrolle
4. Zunder	Ofenerwärmung, Gesenk nicht ausgeblasen	Oberflächenabweichungen narbige Oberfläche ungleichmäßige Vergütung hoher Werkzeugverschleiß bei Anhäufung Maßabweichungen	Zunderarme Erwärmung durch reduzierende Atmosphäre Temperaturregelung Gemischregelung Ölbrenner induktive Erwärmung Entzunderung sorgfältiges Ausblasen des Gesenkes	Zundernarben auf Bearbeitungsflächen tragbar, wenn innerhalb Bearbeitungszugabe, Spannstelle in viele Spannpunkte unterteilen (verzahnte Backen) Zentrierelemente schneidenförmig ausbilden	Sichtkontrolle

Tabelle 2 (Fortsetzung)

Fehler	Ursache	Folge	Abhilfe		Kontrolle
			in der Schmiede	mechan. Fertigung	
5. Versatz	Ausgeschlagene Bärführungen, Ungenügende Steifheit des Gestelles	Schwierige, geometrisch falsche Lagebestimmung bei Bearbeitung, Schnittiefenschwankungen	Versatzarme Schmiedung durch Häufiges Nachrichten der Gesenkhälften	Ausmitteln von Hand, Größere Bearbeitungszugaben, Hohe Schnittgeschwindigkeit	Versatzmeßgeräte
6. Gratansatz	Verschleiß der Schnittplatte, Temperaturschwankungen bei Entgraten, Versatz, Verschleiß des Gesenkes	Zu viel Grat, zu wenig Grat bei großem Gesenk, Schläge auf Werkzeug bei Bearbeitung, Verlaufen u. Abbrechen von Bohrern, bei zu wenig Grat Aufreißen der Oberfläche	Beischleifen der Schnittplatte bei zu wenig Grat, Nachpinnen u. Schleifen bei zu viel Grat	Nie auf Grat-, Spann- oder Bestimmelemente ansetzen, Grat sorgfältig aussparen, Hohe Schnittgeschwindigkeiten, Löcher nicht vom Grat aus bohren	Sichtkontrolle
7. Unrundheit	Häufig beim Recken durch falsche Drehung oder falsches Reckgesenk, Gesenkverschleiß	Formabweichungen, schwierige Zentrierung	Sorgfalt beim Recken, Richtiges Gesenk	Schwierig	Rundlaufkontrolle
8. Faltenbildung an der Oberfläche (Überlappungen)	Falsches Einlegen ins Gesenk, scharfe Kanten am Gravurrand	Risse, Ausbrechen von Teilen an der Oberfläche bei Bearbeitung	Sorgfältiges Einlegen, Abrunden der Gravurkanten	Wenn Falten innerhalb Bearbeitungszugabe, tragbar Auf roh bleibenden Flächen bei untergeordneten Teilen tragbar	Sichtkontrolle, Fluxen
9. Materialfehler	Seigerungen, Schlakkeneinschlüsse, Zeilenstruktur, Lunker, falsche Zusammensetzung	Risse, Festigkeitsabweichungen, schlechte Zerspanbarkeit	Sorgfältige Eingangskontrolle, richtige Wärmebehandlung	Anpassen von Schnittgeschwindigkeit und Vorschub	Materialanalyse und -prüfung
10. Vergütungsfehler	Falsche Temperaturführung, Falsche Werkstoffzusammensetzung (s. 9)	Festigkeitsabweichungen, Gefügeabweichungen, u. U. schlechte Zerspanbarkeit	Richtige Wärmebehandlung und Temperaturführung		Für jede Charge Vergütungsproben im Labor ausarbeiten, danach Vergütungsprozeß steuern Härteprüfung und Magnatest für Endkontrolle

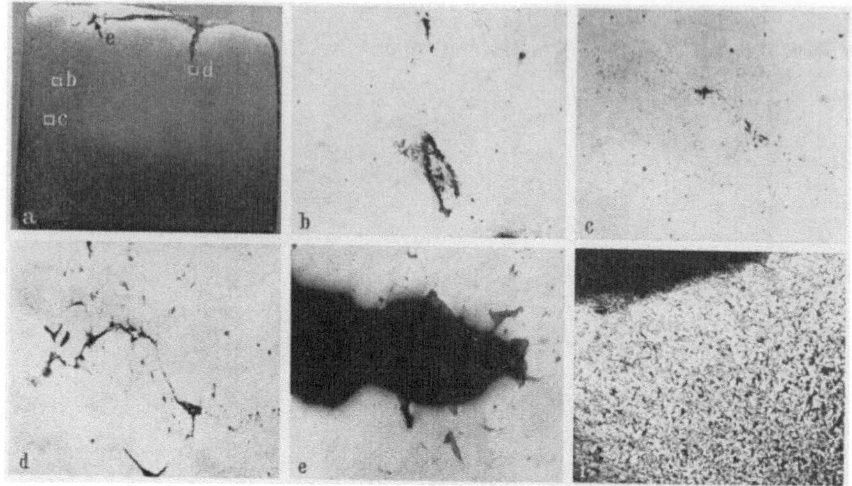

Bild 54 a—f. Untersuchung von vorgeformtem Material für Achsschenkel, das beim Vorschmieden gerissen ist.
a) Übersichtsaufnahme 3:1 des Rißverlaufs an einem vorgeschmiedeten Achsschenkel, poliert; b) vergrößerter Ausschnitt 100:1 von Bild 54a bei *a*, poliert; c) vergrößerter Ausschnitt 100:1 von Bild 54a bei *b*, poliert; d) vergrößerter Ausschnitt 100:1 von Bild 54a bei *c*, poliert; e) vergrößerter Ausschnitt 100:1 von Bild 54a bei *d*, poliert; f) Randausschnitt 50:1 mit Randentkohlung von Bild 54a, geätzt HNO_3.

V. Gesichtspunkte für die Gestaltung von Gesenkformstücken

27. Wahl der Werkstückstoffe (Stahlsorten, NE-Metalle). Die für das Gesenkformen zur Verwendung kommenden *Stahlsorten* lassen sich in zwei Gruppen einteilen.

1. *Kohlenstoffstähle,*
   d. h. *unlegierte Stähle,* bei denen der Kohlenstoff (C) das wesentliche Legierungselement ist. Je nach dem C-Gehalt unterscheidet man: extra weiche, weiche, mittelharte, harte und extra harte Stähle.

2. *Legierte Stähle.*

   a) *Schwach legierte Stähle* sind Kohlenstoffstähle, bei denen die Legierungselemente Ni, Cr, Mo und andere einzeln oder kombiniert bis zu einem Gehalt von je 3% zugesetzt werden. Mangan und evtl. Silizium gelten ebenfalls als Legierungsbestandteile, wenn sie je bei etwa 1% oder höher liegen und so einen gewollten Einfluß auf die Stahleigenschaften ausüben.

   b) *Hochlegierte Stähle* sind solche, bei denen ein oder mehrere Legierungselemente zusammen den Gehalt von 3% überschreiten. Hierunter fallen insbesondere Werkzeugstähle, die in der Gesenkformung für Konstruktionsteile kaum eine Rolle spielen.

Für normale Anforderungen genügen die reinen C-Stähle, sofern nicht an das Schmiedestück besondere Beanspruchungen gestellt werden. In diesen Fällen kommen schwach legierte Baustähle, Einsatz- und Vergütungsstähle zur Verwendung, seltener austenitische oder ferritische rostfreie Stähle.

Die für den Konstrukteur maßgebenden werkstofflichen Richtlinien sind in Werkstoffnormen festgelegt. DIN 17006 gibt die systematische Benennung, insbesondere die Bedeutung der Buchstaben und Zahlen je nach ihrer Stellung wieder. Auch die Eigenschaften, die durch die Weiterverarbeitung, z. B. Vergütung, erreicht und durch den Hersteller garantiert werden, sind aus der Benennung ersichtlich. DIN 17210 und DIN 17200 geben die Gütevorschriften für Einsatz- bzw. für Vergütungsstähle wieder. DIN 17100 ist das Normblatt für die allgemeinen, unlegierten Baustähle, sogenannte Massenstähle. Eine Übersicht der gebräuchlichsten legierten Stähle für schmiedetechnische Verarbeitung zeigt Tab. 3.

Tabelle 3. *Wichtigste Stahlwerkstoffe für schmiedetechnische Verarbeitung*
Cr-haltige Einsatzstähle DIN 17 210

Sorten-bezeichnung	Wichtigste Legierungsbestandteile		Hauptverwendungszweck
15Cr3	—	Cr 0,5—0,8%	Nockenwellen, Bogen, Spindeln
16MnCr5	Mn 1,0—1,3%	Cr 0,8—1,1%	kleine Zahnräder und Wellen für Fahrzeuge
20MnCr5	Mn 1,1—1,4%	Cr 1,0—1,3%	mittl. Zahnräder und Wellen
15CrNi6	Cr 1,4—1,7%	Ni 1,4—1,7%	hochbeanspruchte Zahnräder
18CrNi8	Cr 1,8—2,1%	Ni 1,8—2,1%	Tellerräder, Ritzel

Ni-Stähle für Auto- und Flugzeugbau

		Hauptverwendungszweck
Einsatzstähle	Ni 1%	Spindeln, Nockenwellen, Lenkhebel, Ritzel, Zahnräder
	Ni 2—3%	Zahnräder, Lenkungsteile, Spindeln, Tragachsen, Wellen
	Ni 5%	Zapfen, Wellen, Zahnräder für hohe Beanspruchung
	Ni 1,5% Mn 0,2%	Nockenwellen, Zahnräder, Rollen, Kegelräder
Vergütungsstähle	Ni 1,0% Mn 1,5%	Achsen, Wellen, Kolbenstangen, Kurbelwellen
	Ni 2%	Vorder- u. Hinterachsen, Pleuel, Kurbelwellen, Achsschenkel
	Ni 3%	Achsschenkel, Turbowellen, Flanschwellen
	Ni 5%	hochbeanspruchte Wellen und Kurbelteile

Der Konstrukteur muß sich jedoch darüber klar sein, daß über die Richtlinien der Normen hinaus noch andere Faktoren eine Rolle spielen. Die zum Teil unter idealisierten Voraussetzungen gefundenen Werte, z. B. beim Zugversuch, lassen sich nicht ohne weiteres auf das Werkstück übertragen. Ehe man diese Werte in die Konstruktionsberechnung übernimmt, sind verschiedene Einflüsse, wie unterschiedliche Beanspruchung, Gebrauchstemperatur und Korrosion zu berücksichtigen.

Die Gestalt (Form) des Stückes, die zu dem Begriff der Gestaltfestigkeit führte, ist von großer Bedeutung. Daher sollte der Konstrukteur sich bei der konstruktiven Gestaltung von Gesenkformstücken an die Ausnützung günstiger Werkstoffkennwerte bei zweckmäßiger Anpassung an das Formgebungsverfahren

Tabelle 4. *Wichtigste NE-Metalle für Schmiedetechnische Verarbeitung*
Kupfer-Nickel-Legierungen DIN 17 664

Sortenbezeichnung	Wichtigste Legierungs-bestandteile	Hauptverwendungszweck
CuNi 25	—	Münzlegierung

Knetmessing DIN 17 660 und Sondermessing[1] DIN 17 661

Sortenbezeichnung	Wichtigste Legierungsbestandteile	Hauptverwendungszweck
Ms 60	Cu 60,5%	Warmpreßteile
So Ms 58 Pk	Cu 60% Pb 1—2%	Warmpreßteile
So Ms 58 Al 1	Cu 60% Al 0,4—1,3%	Preßteile, witterungsbeständig
So Ms 59	Cu 60% Ni 2% Al 1% evtl. Pb	seewasserbeständige Schiffsteile

Sonderbronze DIN 1714

Sortenbezeichnung	Wichtigste Legierungsbestandteile	Hauptverwendungszweck
Al Bz 9	Cu 91% Al 9%	verschiedene Schmiedestücke
Al MBz	Cu 72—94% Al 5—13% Fe + Ni + Mn + Si + Sn bis 15%	Schmiedestücke, Warmpreß-teile, Zahnkränze, Ventilgehäu-se, Kolbenstangen, Schnecken-räder

Aluminium-Knetlegierungen DIN 1725 (s. auch DIN 1749/1)

Sortenbezeichnung	Wichtigste Legierungsbestandteile	Hauptverwendungszweck
AlMn nicht aushärtbar	Mn 0,8—1,5%	Formteile
AlMg 3 nicht aushärtbar	Mn 2,6—3,3%	Bauteile im Schiffbau
AlMg 5 nicht aushärtbar	Mn 4,3—5,5%	seewasserbeständig
AlCuMg 1 aushärtbar	Cu 4% Mg 0,4—1%	hochfeste Gesenkschmiedeteile
AlCuSiMn aushärtbar	—	Fahrzeug-, Flugzeug- und Maschinenteile
AlZnMg 3 aushärtbar	Mg 2,0—3,5% Zn 0,1—0,3%	hochfeste Konstruktionsteile

Magnesium-Knetlegierungen DIN 1729

Sortenbezeichnung	Wichtigste Legierungsbestandteile	Hauptverwendungszweck
MgMn	Mn 1,4—2,3%	für Preß- und Schmiedestücke nach DIN 9715
MgAl 6	Al 5,5—6,5%	
MgAl 7	Al 6,5—8,0%	

Titan-Legierungen

Sortenbezeichnung	Wichtigste Legierungsbestandteile	Hauptverwendungszweck
TiCr 5 Al 3	Cr 5% Al 3%	Schmiede- und Preßteile mit hohen Festigkeiten
TiAl 6 V 4	Al 6% V 4%	
TiAl 6 V 6 Sn 2	Al 6% V 6% Sn 2%	
TiAl 8 V 1	Mo 1% Al 8% V 1% Mo 1%	

[1] Unter der Bezeichnung „Continut" (Hersteller Continut GmbH, Krefeld) laufen u. a. die Werkstoffe Ti 679 (Al 2,25%, Zn 11%, Zr 5%, Mo 1%, Si 0,2%) und H 60 (Sn 6%, Cr 5%, Al 3%, Mo 2%, Co 0,5%).

halten. Hierunter fällt auch die günstige Lage des Faserverlaufes in Richtung der späteren Beanspruchung des Stückes.

Auch für die *NE-Metalle* gelten die gleichen Regeln. Gesenkgeformte Teile aus *Kupfer und Messing*, sowie Teile aus *Reinaluminium*, wie auch seiner Legierungen, finden überall Verwendung: Nickel und seine Legierungen, z. B. Monelmetall (70% Ni, 30% Cu), Kobalt und Titan in Leichtmetallen gelten heute schon als bekannte Zusätze. Auch im Stahl haben sie sich bewährt. Titanlegierungen haben bei dem Bau von Chemieanlagen wegen ihrer guten Korrosionsbeständigkeit besonders gegenüber Medien die Cl-Ionen enthalten, Eingang gefunden. Gute Temperaturbeständigkeit, niedriges spezifisches Gewicht von 4,5 p/cm³ und hohe Festigkeitswerte von 120 kp/mm² sind hervorzuheben.

Eine Übersicht über die wichtigsten NE-Metallegierungen für schmiedetechnische Verarbeitung zeigt Tab. 4.

Bild 55. Beschlagteil im Gesenk geformt für Flugzeuge. Material: hochfeste Aluminiumlegierung (Foto: Metallwerke O. Fuchs, Meinerzhagen).

Bild 56. Gesenkgeformtes Propellerblatt für Flugzeugtyp C-160 Transall. Alu-Legierung (Foto: Metallwerke O. Fuchs, Meinerzhagen).

Neue Elemente wie Beryllium, Niob u. a. sind im Kommen, jedoch sind noch manche Umstände bei der Umformung, wie z. B. die Abhängigkeit des Formänderungsvermögens von der Umformgeschwindigkeit zu wenig bekannt. Hierunter fallen die unter der Bezeichnung „Nimonic" bekannten Legierungen mit etwa 20% Cr, 75% Ni, Rest Ti, Al, Fe, C. Ebenso bereiten die neuen Werkstoffe auf Grund der engen Temperaturbereiche im Umformgebiet Schwierigkeiten. Gleichmäßige Durchwärmung ist wegen einer gleichmäßigen Korngröße erforderlich. Der Reaktorbau, die Flugtechnik sowie der Raumraketenbau werden jedoch derartige Werkstoffe benötigen (vgl. Bilder 55 u. 56).

Für die Verwendung von Leichtmetallen gilt allgemein, daß sie da angewandt werden, wo die Notwendigkeit besteht, korrosionsbeständige Werkstoffe bei möglichst geringen Stückgewichten zu benutzen, wie z. B. im Fahrzeug- und Flugzeugbau. Der Formänderungswiderstand hängt weitgehend von der chemischen Zusammensetzung der Legierung ab. AlMgSi-Legierungen lassen sich leichter als AlMg-Legierungen mit hohem Mg-Gehalt schmieden. Als Ausgangsmaterial wird am vorteilhaftesten ein dichter, homogener, gewalzter oder stranggepreßter Werkstoff verwendet, da der gegossene große Gußkristalle aufweist.

Auf genaue Einhaltung der Vorschriften über Verarbeitungstemperaturen und Anwärmzeiten ist zu achten, ebenso auf gute Anwärmung der Preßwerkzeuge. Im Gegensatz zu Stahl ist trotz oft höherer Werkstoffpreise die Anfertigung kleinerer Stückzahlen als wirtschaftlich zu bezeichnen.

Für Aluminium-Knetlegierungen gelten die Normen DIN 1725 Bl. 1 sowie 1749, für Kupfer und seine Legierungen DIN 17660 bis 66. Sowohl im Aluminium-Taschenbuch[1], als auch auf dem Normblatt 1521 ADB-AWF wird das Gesenkschmieden von NE-Metallen eingehend behandelt.

Da im letzten Jahrzehnt im besonderen Maße die Flugzeugtechnik und Raumfahrt einen ungewöhnlichen Aufschwung genommen hat, erscheint es notwendig, noch auf einige Besonderheiten in der Verarbeitungstechnik hinzuweisen. Die hierfür verwendeten Werkstoffe sind vornehmlich Leichtmetalle, z. T. besonderer Zusammensetzung. Sie verlangen bei der Herstellung von Schmiedepreßteilen die genaue Einhaltung von gegebenen Verarbeitungsvorschriften.

Wenn auch überall weitgehend die Forderung nach verringerter maschineller Bearbeitung und somit größtmöglicher Übereinstimmung des im Schmiedeprozeß hergestellten Teiles mit dem einsatzfähigen Fertigteil erhoben wird, so trifft dies in besonderem Maße für Leichtmetallstücke zu. Dies führt zur Fertigung von Feinschmiedeteilen, die mit Maßtoleranzen hergestellt werden, bei denen die Nachbearbeitung weitgehend verringert wird. Regeln, die für Schmiedeteile nach dem üblichen Verfahren gelten, erfahren somit eine Abwandlung von Kanten und Ecken, der Konizität von Wänden, Stegen und Rippen, die später durch spanende Bearbeitung entfernt werden müssen. Sie werden verringert oder entfallen ganz.

Da zur Herstellung solcher Teile hohe Umformkräfte erforderlich sind, ist es notwendig, selbst bei kleinen Stücken Pressen von 5 bis 8000 Mp einzusetzen. Stücke mit größeren Abwicklungsflächen benötigen Drücke bis zu 50000 Mp.

Weiterhin ist darauf zu achten, daß das Vormaterial sehr genau eingewogen und weitgehend vorgeformt wird. In Gesenken, die mittels Gas- oder Induktionsbeheizung auf vorgeschriebene Temperaturen (etwa 500—550 °C) gebracht wurden, erfolgt dann das Einpressen ohne Gratbildung. Die erhöhten Kosten für derartige Maßnahmen werden durch recht beträchtliche Einsparungen von bis z. T. 50% an Material wettgemacht.

Eine weitere Besonderheit stellt die Verarbeitung der immer stärker zur Verwendung kommenden Titanlegierungen dar. Während, wie an anderer Stelle erläutert, bei den in üblicher Weise erschmolzenen Leichtmetallen und Stählen der Faserverlauf (s. Abschn. 12) und seine richtige Einordnung in die Richtung der Hauptbeanspruchung des Werkstückes eine Rolle spielt, ist dies bei der Verarbeitung von Ti-Legierungen im Hochvakuum von geringer Bedeutung. Wesentliche Schwierigkeiten bereiten die geringe Wärmeleitfähigkeit, der im Zusammenhang von Temperatur und Umformgeschwindigkeit sehr veränderliche Formänderungswiderstand (z. T. liegt dieser 2 bis 3mal so hoch wie bei Stahl), außerdem ein sehr kleiner Bereich, innerhalb dessen die Umformung erfolgen muß und schließlich die rasche Aufnahme von Sauerstoff. Auch bei einem derartigen Material müssen die Kräfte bei großen Stücken entsprechend der projizierten Fläche hoch sein.

Diese gegenüber dem normalen Umformen mit schon lange bekannten Werkstoffen andersartig durchzuführenden Maßnahmen dürften bei der Verwendung weiterer neuer Stoffe mit exotischen Elementen[2] (Niob, Tantal, Lithium, Zirkon

---

[1] Aluminium-Verlag, Düsseldorf.
[2] Vgl. Fußnote auf S. 8.

u. a.) noch erweitert werden. Gerade ihnen aber gehört in der zukünftigen Luft-
und Raumfahrt, dem Reaktor- und Raketenbau weitgehendes Interesse darge-
bracht.

28. Allgemeine Regeln für das Konstruieren von Gesenkformstücken. Die wichtigsten zu beachtenden Konstruktionsgesichtspunkte sind [12]:

fließgerechtes Gestalten, d. h. sich dem Verfahren und dem dabei umzuformen-
den Werkstoff anpassen;

werkzeuggerechtes Gestalten, d. h. sich den beim Gesenkformen notwendigen
Werkzeugen anpassen, besonders das Herauslösen des Stückes möglich zu machen;

nacharbeitsfähiges Gestalten, d. h. Berücksichtigung einer einfachen, wirtschaftlichen Bearbeitung, z. B. geeignete Spannflächen und Eignung für automatische
Zerspanung.

Bei der Suche nach den zweckmäßigsten Herstellverfahren möge der Konstrukteur einige für die Wahl des Gesenkformens sprechende Gesichtspunkte
berücksichtigen, die sich ganz allgemein als Forderungen an die Konstruktion
wie folgt zusammenfassen lassen. Das konstruierte Teil muß

funktionsgerecht, werkstoffgerecht, verfahrensgerecht und ästhetisch schön

sein. Zu diesen Gesichtspunkten treten noch im einzelnen Überlegungen wie:

Einhaltung der mechanischen, physikalischen und chemischen Eigenschaften,
Sicherheit im Werkstück,
Beeinflussung des Gefüges bei der formenden Bearbeitung,
erreichbare Toleranzen,
Kosten des fertigen Teiles.

Im einzelnen heißt das:

1. Gleichgültig ob bei Stahl, Leicht- oder Schwermetallen, innerhalb jeder
Metallgruppe lassen sich Gesenkformstücke, wenn ihre Gestalt richtig gewählt und
ausgenutzt wird, aufs Höchste beanspruchen. Dabei ist das Stückgewicht im
Gegensatz zu anderen Verfahren recht gering.

2. Hohe Zugfestigkeit, Streckgrenze, Kerbzähigkeit und Biegewechselfestig-
keit kennzeichnen ein Gesenkformstück. Der Faserverlauf, in Streckrichtung
schon beim Vorwalzen erzeugt, kann in die Beanspruchungsrichtung gelegt und
günstig ausgenutzt werden (Bilder 20 bis 25). Es ist darauf zu achten, daß beim
Schmieden die Faser beibehalten und nicht durch spanende Nacharbeit später
unterbrochen wird.

3. Dichtes und gleichmäßiges Gefüge, Poren- und Lunkerfreiheit, sind Eigenschaften des Gesenkformstückes.

4. Auch bei großen Stückzahlen können die vorgeschriebenen Toleranzen
eingehalten werden.

5. Die Bearbeitungszugaben können gering sein. Zum Teil kann der Schmiede-
rohling weitgehend unbearbeitet bleiben, was im Interesse größter Wirtschaftlichkeit von Bedeutung ist.

Um diese Vorzüge ausnutzen zu können, ist die Kenntnis der Gesenkform-
Verfahren sowie ihrer Grenzen für den Konstrukteur erforderlich. Die hierfür
geltenden Regeln sind wie bei jedem anderen Verfahren z. B. Gießen, zu beachten. Besonders gilt dies für die einfachen Querschnittsformen, die so gewählt
werden müssen, daß sie gesenkfähig konstruiert sind (Bild 57). Dabei ist besonders zu beachten, daß das Material gut fließen kann und daß das Stück sich
leicht aus der Gesenkhälfte lösen läßt (Bilder 22 u. 23).

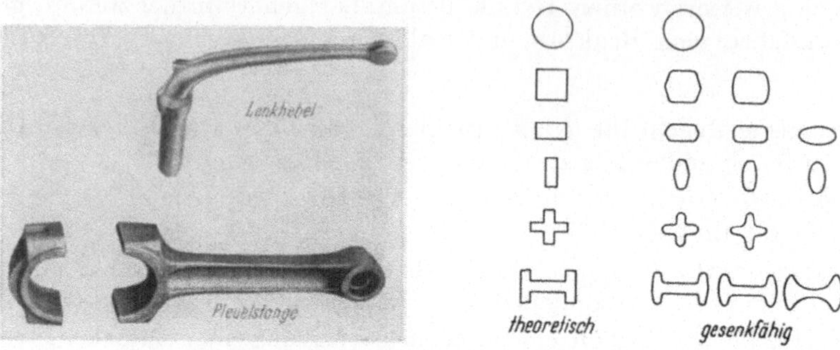

Bild 57. Querschnittsformen und deren gesenkfähige Ausführung.

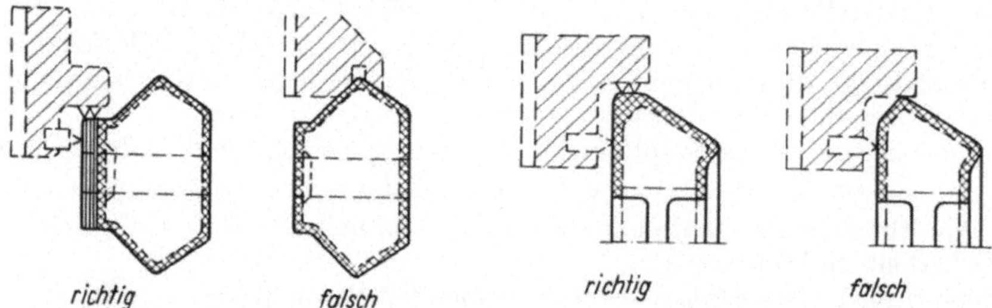

Bild 58. Gestaltung von Spannflächen für nachfolgende Bearbeitung im Futter.

Wie aus den verschiedenen Arbeitsverfahren (Abschn. 15, S. 24) hervorgeht, ist das Ausgangsmaterial Halbzeug in Form von Knüppeln oder Brammen, seltener Rohblöcken, außerdem Walzstahl in Form von runden, quadratischen oder flachen Stäben.

Unter Berücksichtigung einer *nachfolgenden Bearbeitung* dürfte es sich als zweckmäßig erweisen, schon beim Konstruieren auf ein einfaches, insbesondere sicheres Spannen zu achten. In Bild 58 wird dies durch einen längeren Ansatz (links) ermöglicht. In der rechten Skizze ist die Zahnschräge fortgefallen. In Bild 59 sind die Schmiedestücke mit angeschmiedeten oder eingepreßten Zentrieransätzen bzw. -bohrungen versehen. Die untere Skizze zeigt einen angeschmiedeten Zentrierlappen.

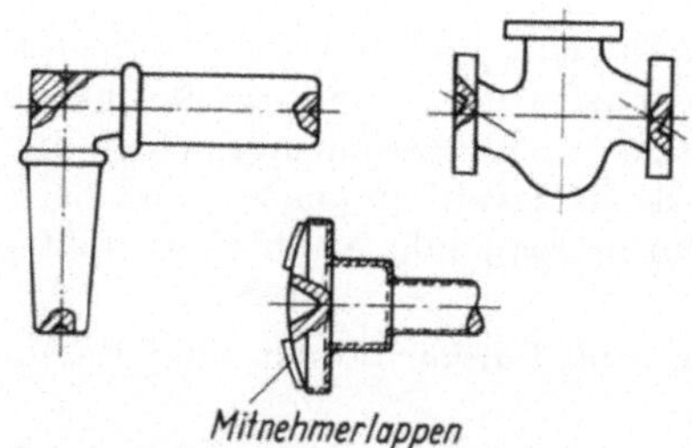

Bild 59. Hilfsflächen und Aussparungen für nachfolgende Bearbeitung.

Zusätzlich sei noch an einigen Beispielen (Bild 60) auf die Werkstoffeinsparung beim Gesenkformen im Gegensatz zur Fertigung aus dem Vollen, abgesehen von der Verbesserung der Werkstoffeigenschaften durch das Schmieden, hingewiesen. Die Zusammenstellung einer Reihe wichtiger Gesenkformteile möge die hauptsächlichen Anwendungsfälle zeigen und zu weiteren Konstruktionen ähnlicher Bauteile anregen:

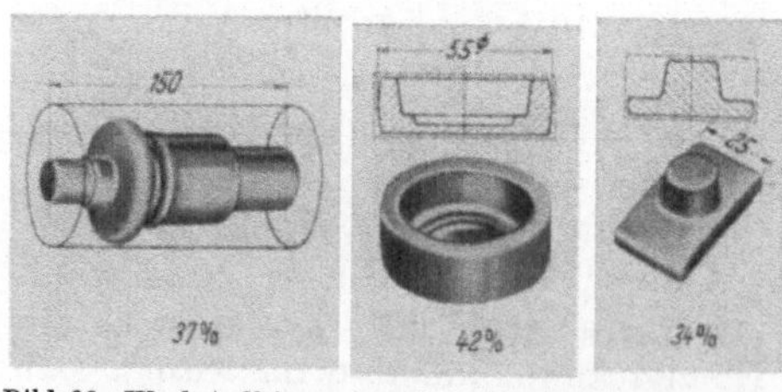

Bild 60. Werkstoffeinsparung beim Gesenkformen gegenüber Fertigung durch Spanen aus dem Vollen.

Achslagergehäuse, Achsschenkel, Anlasserzahnkränze, Antriebsräder, Bremshebel, Bremsnockenwellen, Gelenkgabeln, Gelenkwellen, Hinterachswellen, Kegelritzel, Kupplungshebel, Kupplungsscheiben, Kurbelwellen, Lagerböcke, Laufrollen, Nockenwellen, Pleuelstangen, Radnaben, Schaltgabeln, Schwungräder, Vorderachsen, Zughaken.

Welche Bedeutung den Gestaltungsregeln zukommt, geht daraus hervor, daß sie bereits seit 1944 in DIN 7522 zusammengefaßt und präzisiert wurden. Einen Auszug daraus bringen die folgenden allgemeinen Gestaltungsregeln für Schmiedestücke aus Stahl[1]:

A. Allgemeines

1. Beachte, daß die Gestaltung von Schmiedestücken Kenntnisse der Werkstoffkunde, Schmiedetechnik, Maschinen, Werkzeuge und Bearbeitungsmöglichkeiten bedingt.

2. Benutze diese Gestaltungsregeln und DIN 7523 beim Entwurf der Schmiedestücke, damit schmiedetechnische Belange berücksichtigt werden. Bessere und billigere Schmiedestücke sind das Ergebnis. Sind die grundsätzlichen Gestaltungsregeln nicht von Anfang an berücksichtigt, bleiben dem Schmiedestückerzeuger nur noch wenig Möglichkeiten, eine schmiedetechnisch günstigere Form herbeizuführen.

3. Nimm Rücksprache mit dem Schmiedefachmann und Fertigungsingenieur über die schmiedetechnisch zweckmäßigste Ausführung von Schmiedestücken. In richtiger Fertigungs- und Kostenplanung vom Werkstoff bis zum Fertigteil liegt das Geheimnis des guten Schmiedestückes.

4. Bedenke, daß Schmiedestücke gleicher Gestalt je nach vorhandenen Einrichtungen in verschiedener Art und Weise hergestellt werden können oder müssen. Bringe daher wahlweise Ausführungen mit Hervorhebung des Bestverfahrens ohne Rücksicht auf die vorhandenen Einrichtungen.

5. Benutze weitgehend genormte Schmiedestücke, vorhandene Gesenkformen und Werkzeuge.

6. Verwende Schmiedestücke dort, wo es auf Betriebssicherheit, große Beanspruchung, geringes Gewicht und dichten Werkstoff ankommt.

7. Ermittle, ob sich die Herstellung eines Schmiedestückes lohnt.

8. Prüfe, ob große Mengen Schmiedestücke billiger durch Walzprofile zu ersetzen sind.

9. Bedenke, daß Gußformen nicht immer Schmiedeformen sind.

10. Konstruiere einfache, möglichst symmetrische Formen (Ersparnis der Rechts- und Linksausführung).

11. Überlege, ob schwierigere Formen unterteilt oder durch Schweißkonstruktionen ersetzt werden können. Vorsprünge sind oft günstiger am Gegenstück anzubringen.

12. Vermeide mehrmaligen und schroffen Querschnittwechsel, erhebliche Werkstoffanhäufungen, großen Richtungswechsel und scharfe Umrisse.

13. Bilde die Übergänge von einem Querschnitt zum anderen durch ausreichende Rundungen. Siehe DIN 7523 und DIN 250.

14. Vermeide einspringende Winkel (Bruchgefahr durch Kerbwirkung).

15. Bilde Biegungen mit verstärktem Querschnitt aus.

16. Führe Löcher und Schlitze nicht scharfkantig aus.

17. Rechne bei Schweißstellen, sowohl bei Feuerschweißung als auch bei Wassergas- und elektrischer Stumpfschweißung, mit genügendem Sicherheitsfaktor.

18. Beachte bei der Formgebung die Aufspannmöglichkeiten wie Körner, Ansätze, Nasen, Nocken usw. bei der mechanischen Bearbeitung.

19. Verteuere die Schmiedestücke nicht durch unnötig scharfe Vorschriften über Maßgenauigkeit. Benutze möglichst Normal-Schmiedestücke (m) an Stelle von Genau-Schmiedestücken (f). Bei verwickelten Formen der Schmiedestücke sind in der Regel größere Zugaben und Maßabweichungen erforderlich. In besonderen Fällen lassen sich aber Zugaben und Maßabweichungen durch weitere Schmiedearbeitsgänge vermindern. Diese Arbeitsgänge erfordern Mehrkosten, die in Rechnung gestellt werden müssen. Verlange auch geringe Maßabweichungen nur für einzelne wichtige Stellen, nicht am ganzen Schmiedestück.

---

[1] Wiedergegeben mit Genehmigung des Deutschen Normenausschusses. Maßgebend ist die jeweils neueste Ausgabe des Normblattes im Normformat A 4, das bei der Beuth-Vertrieb GmbH, 1 Berlin 30 und 5 Köln, erhältlich ist.

B. Werkstoff

20. Gib Werkstoffvorschriften genau an (Normen).

21. Beachte die Veränderung der Festigkeits-, Dehnungs- und Kerbzähigkeitseigenschaften beim Schmieden des Werkstoffes je nach Art des Schmiedeverfahrens und der Richtung der Probeentnahme.

22. Verwende hochwertigen Werkstoff nur nach eingehender Prüfung seiner Vorteile (Raum-, Gewichtsersparnis, hohe Beanspruchung) und seiner Nachteile (schwierige Formung, Wärmebehandlung und Bearbeitung, höherer Preis).

23. Vermeide nach Möglichkeit harten Werkstoff wegen des größeren Werkzeugverschleißes und der höheren Gestehungskosten.

24. Verwende genormte oder übliche Abmessungen des Vormaterials. Du verringerst dadurch Lieferzeit und Preis (Aufpreis für Abmessungen, Mengen, Güte).

25. Strebe geringstmögliche Veränderung der Form des Vormaterials an (Ausnahme schwere Schmiedestücke wegen Durchschmiedungsgrad).

26. Schreibe die Lage des Probestabes am Schmiedestück vor.

27. Erspare Werkstoff durch richtige Gestaltung und Ausnutzung der Werkstoffeigenschaften.

28. Verwende der Rohstoffwirtschaft entsprechende Werkstoffe.

29. Achte darauf, daß die Konstruktion den Faserverlauf möglichst nicht zerschneidet oder zerreißt. Der Faserverlauf muß der Form angepaßt werden und den Erfordernissen der Konstruktion Rechnung tragen.

30. Verwende bei starken Veränderungen des Faserverlaufs (Dornen, Spreizen, Winden) zähen Werkstoff.

C. Fertigung

31. Merke dir, daß hergestellt werden:

31.1. unter dem *Gesenkhammer* im wesentlichen Gesenkformstücke, die starken Querschnittswechsel aufweisen, also meist vorgereckt werden, eine stark gegliederte Oberfläche wie Rippen und Nocken haben und ein hohes Steigungsvermögen des Werkstoffes beim Schmieden erfordern, ferner dünne Gesenkformstücke, die hohen Druck verlangen,

31.2. unter der *Gesenkformpresse* vorteilhaft Gesenkformstücke, die breit gestaucht und gelocht werden und eine wenig gegliederte Oberfläche aufweisen,

31.3. unter der *Schmiedemaschine* besonders günstig gestauchte und gelochte Rundteile, Gesenkformstücke mit langen Schäften,

31.4. unter der *Schmiedewalze* dünne, runde oder polygonale Schmiedestücke, die verjüngt geschmiedet werden, und solche, die flach gebreitet werden sollen.

Man kann natürlich, wenn die Einrichtung nicht vorhanden ist, für eine Presse oder Schmiedemaschine passende Schmiedestücke auch auf einem Hammer schmieden, der an und für sich ziemlich universal zu gebrauchen ist. Aber das ist dann nicht in der Wirtschaftlichkeit, in der rationellen Gestaltung und Genauigkeit möglich, wie auf den anderen Schmiedeeinrichtungen.

32. Freiformstücke. Verwende Freiformstücke im allgemeinen bei geringer Stückzahl.

33. Konstruiere Freiformstücke in einfachen, glatten Formen, mit geraden oder gleichmäßig runden Flächen und Kanten, möglichst ohne Neigungsflächen.

34. Vermeide Staucharbeit bei Freiformstücken.

35. Beachte die Bearbeitungszugaben und zulässigen Maßabweichungen für Sonderformen von Freiformstücken nach DIN 7527 Blatt 1 bis 6.

36. Gesenkformstücke. Verwende Gesenkformstücke im allgemeinen bei großen oder sich häufig wiederholenden kleineren Stückzahlen. Große Stückzahlen ermöglichen Typung — Normung — Fließfertigung. Bisweilen ist ein aus Freiform- und Gesenkschmieden zusammengesetztes Herstellverfahren günstig.

37. Bilde Gesenkformstücke so aus, daß sich möglichst eine ebene Gratnaht ergibt, die nicht mit Schmiedestückkanten abschließt.

38. Lege die Dornstirnfläche (also Kopf-, nicht Seitenfläche, Spiegel genannt) bei hohlgeschmiedeten Stücken außerhalb der Ebene der Gesenkteilung, wenn die sichere Einlage oder der gesunde Werkstofffluß des Vorstückes das erfordert, aber in die Ebene der Gesenkteilung, wenn auf Erhaltung der Symmetrie der Form, z. B. zum Zwecke des Wendens beim Schmieden Wert gelegt wird. Im allgemeinen wählt man beim Schmieden unter Hammer oder Schmiedepresse den oberen Dorn länger als den unteren. (Siehe DIN 7523 Blatt 1, Beispiel 2.)

39. Unterlasse nach Möglichkeit hohe Rippen und tiefe Gesenkeinarbeitungen.

40. Beachte die Maßabweichungen durch Werkzeugverschleiß, durch ungleiche Schrumpfung und Verzug beim Erkalten für Dicke, Breite, Länge und Krümmung. (Siehe DIN 7524 Blatt 1 und 2.)

41. Beachte zulässigen Gesenkversatz und unvermeidbaren Gratansatz. (Siehe DIN 7524 Blatt 3.)

42. Prüfe, ob Gewichtsabweichung wichtiger ist als Maßabweichung. (Siehe DIN 7524 Blatt 1 und 4.)

43. Wähle die Querschnittform so, daß sie sich zu beiden Seiten der Gratlinie verjüngt, niemals verbreitert (Unterschneidungen), ausgenommen Stauchstücke in besonders geteilten Werkzeugen.

44. Vergiß nicht, daß jedes nicht im Rollgesenk hergestellte Stück seitlich eine Gratfläche aufweist. Dünner als Gesenktiefe plus Gratdicke kann nicht geschmiedet werden.

45. Beachte, daß alle Gesenkformstücke eine Seitenschräge aufweisen müssen, um aus dem Gesenk herausgenommen werden zu können, und lege die Seitenschräge des Gesenkformstückes, um sie klein zu halten, an die schmale Seite. (Siehe DIN 7523 Blatt 1 und 3.)

46. Vermeide scharfe Kanten am Gesenkformstück zur Verringerung des Werkzeugverschleißes durch entsprechende Rundungshalbmesser. (Seihe DIN 7523 Blatt 3.)

47. Vermeide möglichst Bearbeitungsflächen, d. h. verwende das rohe Schmiedestück möglichst als Fertigteil.

48. Berücksichtige die Bearbeitungszugaben für mechanische Bearbeitung gemäß DIN 7523 Blatt 3. Zu geringe Bearbeitungszugaben erbringen leicht höhere Bearbeitungskosten und erhöhen den Fertigungsausschuß.

49. Vermeide die Lage des Kennzeichens oder der Beschriftung des Gesenkformstückes an Aufspannstellen und Bearbeitungsflächen.

50. Vermeide Umkonstruktionen, da diese meist gleichbedeutend mit Unbrauchbarwerden der bisherigen Einrichtungen (Gesenk, Abgratwerkzeuge usw.) sind.

51. Verlange bei Neukonstruktion im beiderseitigen Interesse den Gipsabdruck des Gesenkes oder die Gesenkzeichnung zur Prüfung. Die Anfertigung von geschmiedeten Mustern bedingt infolge Sonderanfertigung Mehrpreise. (Siehe DIN 7521.)

52. Bestelle genügende Stückzahlen von Gesenkformstücken, einerseits wegen Fehlstücke in der Verarbeitung, andererseits, weil die Gesenkschmieden sich Mehr- oder Minderlieferungen vorbehalten. (Siehe DIN 7521.)

D. Nachbehandlung

53. Beachte, daß die Wärmebehandlung von Schmiedestücken notwendig ist, um die günstigsten oder erforderlichen physikalischen Eigenschaften des Werkstoffes zu erhalten. (Siehe DIN 7528.)

54. Schreibe Oberflächenbehandlung der Schmiedestücke vor, um gutes Aussehen, leichte Prüfung von Oberflächenfehlern und Beseitigung der Verzunderung zur Verminderung des Werkzeugverschleißes bei der mechanischen Bearbeitung zu erreichen. (Siehe DIN 7528.)

55. Schreibe bei Sonderanforderungen die erforderlichen Prüfverfahren vor. (Siehe DIN 7521.)

29. DIN- und Euroforge-Normen. Dem Anfänger im Konstruieren sei geraten, sich ganz allgemein mit dem normengerechten Konstruieren zu befassen. Hierzu siehe: VDI-Richtlinien 2275 Blatt 1 und 2: Technisch-wirtschaftliches Konstruieren. Der erfahrene Konstrukteur, der erstmalig durch Gesenkschmieden herzustellende Teile konstruiert, sei auf die besonderen Normen für diese Verfahren hingewiesen. Soll die Ausführung aus Stahl erfolgen, so gelten hierfür die „Technischen Richtlinien für Lieferung, Gestaltung und Herstellung von Schmiedestücken". Sie umfassen die DIN-Blätter 7520 bis 7529. Diese Richtlinien befassen sich neben den technischen Lieferbedingungen, Mängelrügen und Prüfverfahren auch mit den Verrechnungsarten für die Werkzeugkosten, d. h. Gesenken und Abgratwerkzeugen. Diese können einmal, besonders bei kleinen Teilen, anteilig im Schmiedestückpreis verrechnet werden. Hier ergibt eine möglichst große Stückzahl maßgerecht in einem Gesenk geschlagen einen geringen Werkzeugkostenanteil. Ein anderer Weg ist die einmalige Vergütung der Werkzeugkosten. In jedem Fall bleibt der Hersteller Eigentümer der Werkzeuge. In besonderen Fällen werden die Werkzeuge an den Besteller zur freien Verfügung verkauft (DIN 7521).

Die allgemeinen Gestaltungsregeln ergeben sich aus DIN 7522 (vgl. S. 47).

Besonders zu berücksichtigen sind als wichtigste Forderungen die Seitenschräge, der Abrundungshalbmesser, Steg- und Rippendicke und die allgemeinen Querschnittsübergänge. Die Außenschräge wird um so größer sein müssen, je tiefer die Gravur ist. Die Stücke müssen sich leicht lösen lassen. Nur selten, meist beim Pressen von Leichtmetallstücken, sind im Gesenk Auswerfer vorhanden.

Tabelle 5. *Unter Hämmern und Pressen und in Waagerecht-Stauchmaschinen hergestellte Gesenkformstücke*

Die linken Spalten bilden einen Nomogramm-Maßstab (Schmiedegüte F (normal)):

Versatz	Gratansatz / Schnittfläche (+)(−)
0,4	0,5
0,5	0,6
0,6	0,7
0,7	0,8
0,8	1
1	1,2
1,2	1,4
1,4	1,7
1,7	2
2	2,4
2,4	2,8

Teilfuge: unsymmetrisch — eben oder symmetrisch.

Gewicht [kg] (über – bis einschl.):

über – bis (einschl.)
0 – 0,4
0,4 – 1,0
1,0 – 1,8
1,8 – 3,2
3,2 – 5,6
5,6 – 10
10 – 20
20 – 50
50 – 120
120 – 250

Stoffschwierigkeit: M_1, M_2. Feingliedrigkeit: S_1 (>0,63 ≤1), S_2 (>0,32 ≤0,63), S_3 (>0,16 ≤0,32), S_4 (≤0,16).

Toleranzen für Länge, Breite und Höhe*, Versatz, Gratansatz und Schnittflächen.
Bemerkung: Maße von Achse zu Oberfläche, Stufenmaße } $+\frac{1}{3}, -\frac{1}{3}$ der Gesamttoleranz. Innenmaße: Vorzeichen umkehren. (mm)

über 0 – bis 32	32 – 100	100 – 160	160 – 250	250 – 400	400 – 630	630 – 1000	1000 – 1600	1600 – 2500
1,1 +0,7/−0,4	1,2 +0,8/−0,4	1,4 +0,9/−0,5	1,6 +1,1/−0,5	1,8 +1,2/−0,6	2 +1,3/−0,7			
1,2 +0,8/−0,4	1,4 +0,9/−0,5	1,6 +1,1/−0,5	1,8 +1,2/−0,6	2 +1,3/−0,7	2,2 +1,5/−0,7			
1,4 +0,9/−0,5	1,6 +1,1/−0,5	1,8 +1,2/−0,6	2 +1,3/−0,7	2,2 +1,5/−0,7	2,5 +1,7/−0,7	2,8 +1,9/−0,9		
1,6 +1,1/−0,5	1,8 +1,2/−0,6	2 +1,3/−0,7	2,2 +1,5/−0,7	2,5 +1,7/−0,8	2,8 +1,9/−0,9	3,2 +2,1/−1,1	3,6 +2,4/−1,2	
1,8 +1,2/−0,6	2 +1,3/−0,7	2,2 +1,5/−0,7	2,5 +1,7/−0,8	2,8 +1,9/−0,9	3,2 +2,1/−1,1	3,6 +2,4/−1,2	4 +2,7/−1,3	4,5 +3/−1,5
2 +1,3/−0,7	2,2 +1,5/−0,7	2,5 +1,7/−0,8	2,8 +1,9/−0,9	3,2 +2,1/−1,1	3,6 +2,4/−1,2	4 +2,7/−1,3	4,5 +3/−1,5	5 +3,3/−1,7
2,2 +1,5/−0,7	2,5 +1,7/−0,8	2,8 +1,9/−0,9	3,2 +2,1/−1,1	3,6 +2,4/−1,2	4 +2,7/−1,3	4,5 +3/−1,5	5 +3,3/−1,7	5,6 +3,7/−1,9
2,5 +1,7/−0,8	2,8 +1,9/−0,9	3,2 +2,1/−1,1	3,6 +2,4/−1,2	4 +2,7/−1,3	4,5 +3/−1,5	5 +3,3/−1,7	5,6 +3,7/−1,9	6,3 +4,2/−2,1
2,8 +1,9/−0,9	3,2 +2,1/−1,1	3,6 +2,4/−1,2	4 +2,7/−1,3	4,5 +3/−1,5	5 +3,3/−1,7	5,6 +3,7/−1,9	6,3 +4,2/−2,1	7 +4,7/−2,3
3,2 +2,1/−1,1	3,6 +2,4/−1,2	4 +2,7/−1,3	4,5 +3/−1,5	5 +3,3/−1,7	5,6 +3,7/−1,9	6,3 +4,2/−2,1	7 +4,7/−2,3	8 +5,3/−2,7
3,6 +2,4/−1,2	4 +2,7/−1,3	4,5 +3/−1,5	5 +3,3/−1,7	5,6 +3,7/−1,9	6,3 +4,2/−2,1	7 +4,7/−2,3	8 +5,3/−2,7	9 +6/−3
4 +2,7/−1,3	4,5 +3/−1,5	5 +3,3/−1,7	5,6 +3,7/−1,9	6,3 +4,2/−2,1	7 +4,7/−2,3	8 +5,3/−2,7	9 +6/−3	10 +6,7/−3,3
4,5 +3/−1,5	5 +3,3/−1,7	5,6 +3,7/−1,9	6,3 +4,2/−2,1	7 +4,7/−2,3	8 +5,3/−2,7	9 +6/−3	10 +6,7/−3,3	11 +7,3/−3,7
5 +3,3/−1,7	5,6 +3,7/−1,9	6,3 +4,2/−2,1	7 +4,7/−2,3	8 +5,3/−2,7	9 +6/−3	10 +6,7/−3,3	11 +7,3/−3,7	12 +8/−4
5,6 +3,7/−1,9	6,3 +4,2/−2,1	7 +4,7/−2,3	8 +5,3/−2,7	9 +6/−3	10 +6,7/−3,3	11 +7,3/−3,7	12 +8/−4	14 +9,3/−4,7

Schmiedegüte F (normal)

[1] Stahlart M_1 mit C ≤ 0,65% und Summe ≤ 5%; M_2 mit C > 0,65% und Summe > 5%

(* Durchmesser und Länge für in Waagerecht-Stauchmaschinen hergestellte Schmiedestücke)

Für Leichtmetalle lassen sich Konstruktionsregeln aus den Blättern DIN 1749 und 9005 entnehmen.

Neben den DIN-Normen liegt zur Zeit in zunächst noch unverbindlicher Fassung ein internationaler (deutsch-englisch-französisch) Vorschlag für eine sogenannte „Euroforge-Norm“ vor. Hierzu siehe Tab. 5 u. 6. Diese stellt eine Vereinfachung trotz der z. Z. noch unterschiedlichen Maßsysteme in den einzelnen Ländern dar. Die Norm ist so abgefaßt, daß sie für einen Großteil von Schmiedestücken verwendet werden kann. Die Vereinbarungen beziehen sich auf die Toleranzen der Längen-, Breiten- und Höhenmaße, Versatz, Dicke, Mittelabstände und Gesenkschrägen, außerdem Gratansätze, Innen- und Außenrundungen.

Zur Festlegung der Toleranzen für unter Hammer, Pressen und in Waagerecht-Stauchmaschinen hergestellte Gesenkschmiedestücke müssen bekannt sein:

1. Das Gewicht des Schmiedestückes

$$G = V\gamma\,.$$

2. Die Form der Gratnaht (eben–gekröpft, symmetrisch–unsymmetrisch).

3. Art des verwendeten Stahles
   a) M_1 (Stahlart), $C \leq 0{,}65\%$, Summe der Legierungsbestandteile (Mn, Ni,
      Mo, Cr, V, W) $\leq 5\%$,
   b) M_2 mit $C > 0{,}65\%$, Legierungsbestandteile $> 5\%$.

4. Feingliedrigkeitsfaktor des Schmiedestückes. Hierunter versteht man das Verhältnis des Gewichtes des Schmiedestückes G_S zum Gewicht des zur Umschließung der größten Abmessungen des Stückes erforderlichen Hüllkörpers G_H:

$$F = \frac{G_S}{G_H}\,.$$

Das Gewicht des Hüllkörpers eines zylindrischen Stückes errechnet sich nach:

$$G_H = 3{,}14\,\frac{d^2}{4}\,h\,\gamma\,;$$

$\gamma = 7{,}83$ p/cm³, $h =$ Höhe des Kreiszylinders.
Für nicht kreisförmige Querschnitte gilt:

$$G_H = l\,b\,h\,\gamma\,.$$

Der Feingliedrigkeitsfaktor ist in vier Kategorien in den Normen festgelegt:

$$S_4\colon\ \leq 0{,}16, \qquad S_3\colon 0{,}17\cdots0{,}32, \qquad S_2\colon 0{,}33\cdots0{,}63, \qquad S_1\colon 0{,}64\cdots 1.$$

Diese Stufung entspricht den Schwierigkeitsgraden, d. h. wird der Feingliedrigkeitsfaktor kleiner, was für eine komplizierte Form des Gesenkformstückes spricht, so werden wegen der damit verbundenen größeren Herstellschwierigkeiten größere Toleranzen zugestanden. Dieser Begriff stellt gegenüber den DIN-Vorschriften eine Neuerung dar.

Schmiedestücke mit dünnen Flanschen sind eine Ausnahme. Auch gelten die Toleranzen nicht für schwere Stücke, die besonderer Vereinbarungen bedürfen. Sehr praktisch ist der für die Normen- und Toleranzermittlung herausgebrachte Rechenschieber. Seine Handhabung ist recht einfach.

30. Konstruktionsbeispiele. Da es bei der Vielheit verschiedenartiger Gesenkschmiedestücke — nach amerikanischen Ermittlungen über 600 000 — unmöglich erscheint, außer den allgemeinen Richtlinien, wie sie sich aus den Normen (DIN und Euroforge) ergeben, noch weitgehend Einzelbeispiele zu bringen, sollen nur ganz wenige, besonders kennzeichnende angeführt werden.

Falsch konstruieren wird stets derjenige, dem die Vorstellung vom Fließen plastischer Massen abgeht. Scharfe Profilübergänge und scharfe Kanten (Bild 61) führen zu Falten- und Stichbildung, zumal dann, wenn der Werkstoff aus zwei Richtungen fließt, sich aber wegen der Oxidbildung nicht mehr fest verbinden kann. Durch eine konstruktive Anpassung kann die Stichbildung (Bild 62) vermieden werden. Bild 63 zeigt, wie die Lage der Gesenkteilung sich günstig auf die Bearbeitung auswirken kann. Der Zapfen bei b) (Kurbel) wird nachträglich in seine Lage gebogen. Bild 64 veranschaulicht eine Senkung der Bearbeitungskosten, wenn wie bei a) der Gratverlauf um 90° verlegt wird. Bei b) werden zwei verschiedene Herstellverfahren für eine Gabel gegenübergestellt. Bei dem rechts dargestellten Verfahren müssen die Wangen des Gabelstückes zwar nachträglich gebogen werden, es entstehen jedoch keine Seitenschrägen. Schwieriger in seiner Herstellung bzw. in der Vielzahl der verschie-

Tabelle 6. *Maßtoleranzen für Gesenkformstücke aus Stahl*

A

Längen-, Breiten- und Höhentoleranzen für unter Hämmern, Pressen und Waagerechtstauchmaschinen, gefertigte Schmiedestücke

Gebrauchsanweisung: 1. Gewichtsbereich mit Werkstoff- und Feingliedrigkeitsfaktor in Übereinstimmung bringen 2. Toleranz unter dem entsprechenden Maßbereich ablesen

Genau (E): M₁S₁ M₁S₂ M₁S₃ M₁S₄ M₂S₁ M₂S₂ M₂S₃ M₂S₄ Genau (E)

Normal (F): M₁S₁ M₁S₂ M₁S₃ M₁S₄ M₂S₁ M₂S₂ M₂S₃ M₂S₄ Normal (F)

kg									
120	50	20	10	5,6	3,2	1,8	1,0	0,4	0
250	120	50	20	10	5,6	3,2	1,8	1,0	0,4

„Euroforge"

Versatz	0,5
Gratansatz	0,6
	Genau

Teilfuge

Gewichts-bereich	
3,2 / 5,6	1,8 / 3,2
sym-metr.	asym-metr.

Versatz	0,8
Gratansatz	1,0
	Normal

Abmessung [mm]: 0/32 · 32/100 · 100/160 · 160/250 · 250/400 · 400/630 · 630/1000 · 1000/1600 · 1600/2500   Abmessung [mm]

Total	0,6	0,7	0,8	0,9	1,0	1,1	1,2	1,4	1,6	1,8	2,0	2,2	2,5	2,8	3,2	3,6	4,0	4,5	5	5,6	6,3	7	8	9	10	11	12	14
+	+0,4	+0,5	+0,5	+0,6	+0,7	+0,7	+0,8	+0,9	+1,1	+1,2	+1,3	+1,5	+1,7	+1,9	+2,1	+2,4	+2,7	+3	+3,3	+3,7	+4,2	+4,7	+5,3	+6	+6,7	+7,3	+8	+9,3
−	−0,2	−0,2	−0,3	−0,3	−0,3	−0,4	−0,4	−0,5	−0,5	−0,6	−0,7	−0,7	−0,8	−0,9	−1,1	−1,2	−1,3	−1,5	−1,7	−1,9	−2,1	−2,3	−2,7	−3	−3,3	−3,7	−4	−4,7

Toleranzen und ihre Aufteilung [mm]

Für Maße von Mitte zu Oberfläche und für Stufenmaße ± ⅓ der Gesamttoleranz

Für Innenmaße + und − Zeichen vertauschen

B

Dickentoleranzen für unter Hämmern, Pressen und Waagerechtstauchmaschinen gefertigte Schmiedestücke

Gebrauchsanweisung: 1. Gewichtsbereich mit Werkstoff- und Feingliedrigkeitsfaktor in Übereinstimmung bringen 2. Toleranz unter dem entsprechenden Maßbereich ablesen

Genau (E): M₁S₁ M₁S₂ M₁S₃ M₁S₄ M₂S₁ M₂S₂ M₂S₃ M₂S₄ Genau (E)

Normal (F): M₁S₁ M₁S₂ M₁S₃ M₁S₄ M₂S₁ M₂S₂ M₂S₃ M₂S₄ Normal (F)

Gewichtsbereich	2,5 / 5
Auswerfermarken	2 ±50%

									kg
3	36	20	12	8	5	2,5	1,2	0,4	0
0	63	36	20	12	8	5	2,5	1,2	0,4

„Euroforge"

Abmessung [mm]: 0/16 · 16/40 · 40/63 · 63/100 · 100/160 · 160/250 · >250   Abmessung [mm]

Total	0,6	0,7	0,8	0,9	1,0	1,1	1,2	1,4	1,6	1,8	2,0	2,2	2,5	2,8	3,2	3,6	4,0	4,5	5	5,6	6,3	7	8	9	10	11	12	14
+	+0,4	+0,5	+0,5	+0,6	+0,7	+0,7	+0,8	+0,9	+1,1	+1,2	+1,3	+1,5	+1,7	+1,9	+2,1	+2,4	+2,7	+3	+3,3	+3,7	+4,2	+4,7	+5,3	+6	+6,7	+7,3	+8	+9,3
−	−0,2	−0,2	−0,3	−0,3	−0,3	−0,4	−0,4	−0,5	−0,5	−0,6	−0,7	−0,7	−0,8	−0,9	−1,1	−1,2	−1,3	−1,5	−1,7	−1,9	−2,1	−2,3	−2,7	−3	−3,3	−3,7	−4	−4,7

Toleranzen und ihre Aufteilung [mm]

Dieser Rechenschieber ist ein Hilfsmittel zur Bestimmung von „Euroforge"-Toleranzen; er kann jedoch nur in Verbindung mit dem Text der Norm angewendet werden

denen Arbeitsgänge ist ein mehrfach gekrümmter Hebel (Bild 65). Die zunächst zusammengelegten Arme lassen die Verwendung von billigen, flächenkleineren Gesenken mit ebener Gravur zu. Die meist sehr einfachen Biegewerkzeuge wirken kaum kostenerhöhend.

Tabelle 6 (Fortsetzung)

Toleranzen für Abrundungen		
r [mm] über –bis einschl.	+	−
0 − 10	50 %	25 %
10 − 32	40 %	20 %
32 − 100	32 %	15 %
> 100	25 %	10 %

Toleranzen für Abgratnasen*		
Gewicht [kg] über –bis einschl.	A	B
0 − 1	1	0,5
1 − 6	1,6	0,8
6 − 40	2,5	1,2
40 − 250	4	2

* Auch für Gratschwänze und Abgratnasen an auf Waagerechtstauchmaschinen gefertigten Schmiedestücken

Toleranzen für gescherte Enden		
d (Nennmaß)	X max.	Y max.
≦ 36 mm	7 % d	d
> 36 mm	5 % d	0,7 d

Toleranzen für Durchbiegung und Verwerfung — mm

Länge über / bis einschl.	0 / 100	100 / 125	125 / 160	160 / 200	200 / 250	250 / 315	315 / 400	400 / 500	500 / 630	630 / 800	800 / 1000	1000 / 1250	1250 / 1600	1600 / 2000	2000 / 2500
Güte F	0,6	0,7	0,8	0,9	1	1,1	1,2	1,4	1,6	1,8	2	2,2	2,5	2,8	3,2
Güte E	0,4	0,5	0,5	0,6	0,6	0,7	0,8	0,9	1,0	1,1	1,2	1,4	1,6	1,8	2,0

Toleranzen für Mittenabstände — mm

Länge über / bis einschl.	0 / 100	100 / 160	160 / 200	200 / 250	250 / 315	315 / 400	400 / 500	500 / 630	630 / 800	800 / 1000	1000 / 1250
Güte F (±50 %)	0,6	0,8	1	1,2	1,6	2	2,4	3,2	4	5	6,4
Güte E (±50 %)	0,5	0,6	0,8	1,0	1,2	1,6	2,0	2,4	3,2	4	5

Oberflächentoleranzen (Zunderlöcher und Oberflächenmarken):

a Oberflächen mit nachfolgender spanender Bearbeitung — Toleranzen ≤ ½ der Bearbeitungszugabe
b Oberflächen ohne nachfolgende spanende Bearbeitung — Toleranzen ≤ ⅓ der ganzen Dickentoleranz

Toleranzen für Gesenkschrägen: +2°, −1°

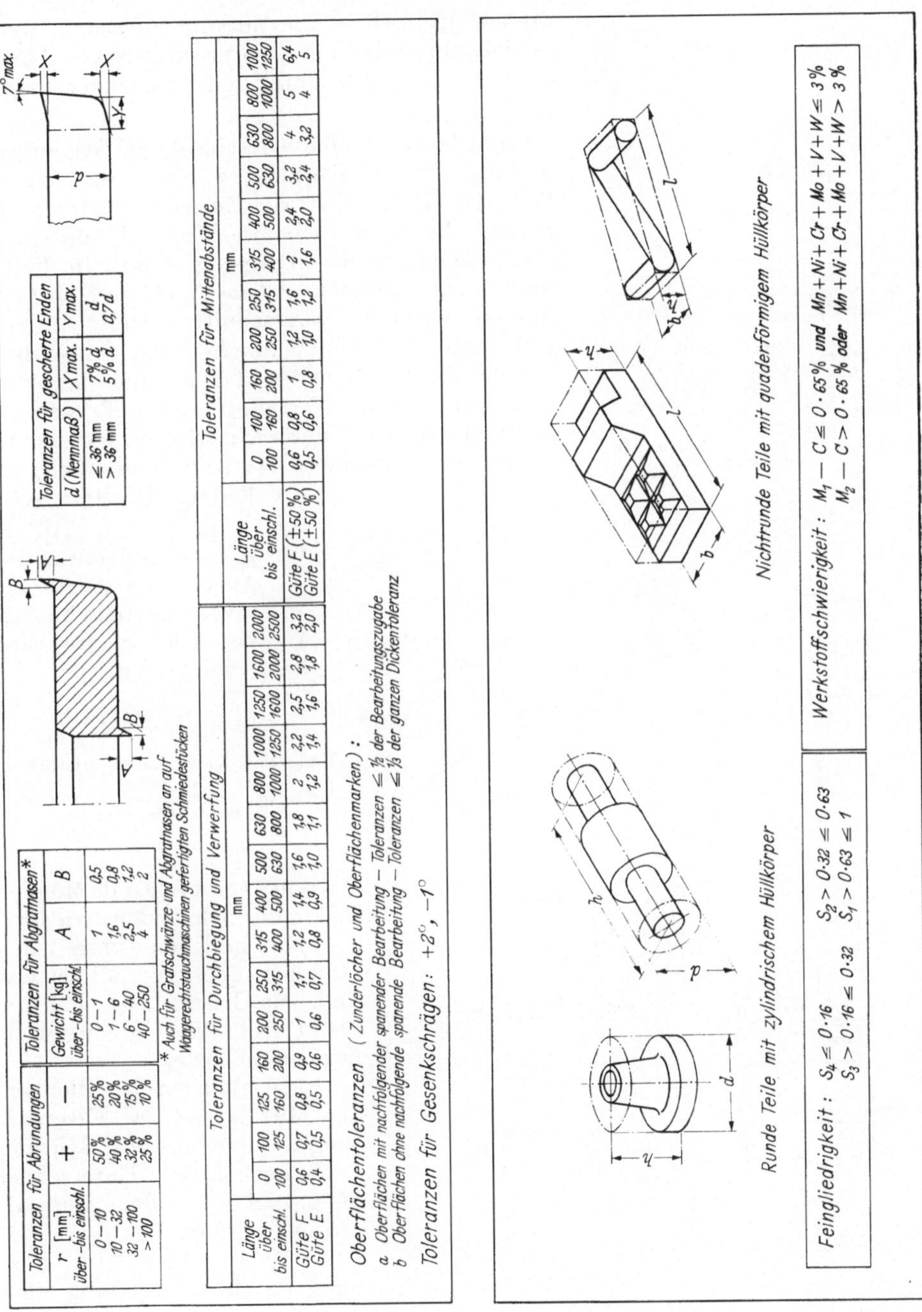

Feingliedrigkeit: $S_4 \leq 0{\cdot}16$ $S_2 > 0{\cdot}32 \leq 0{\cdot}63$
$S_3 > 0{\cdot}16 \leq 0{\cdot}32$ $S_1 > 0{\cdot}63 \leq 1$

Werkstoffschwierigkeit: M_1 — $C \leq 0{\cdot}65\%$ und $Mn+Ni+Cr+Mo+V+W \leq 3\%$
M_2 — $C > 0{\cdot}65\%$ oder $Mn+Ni+Cr+Mo+V+W > 3\%$

In zahlreichen Fällen lassen sich unsymmetrische Rechts-Links-Ausführungen vermeiden und durch ein einziges Teil in symmetrischer Form ersetzen (vgl. Bild 18). Kostensenkend ist dabei die Einsparung eines zweiten Gesenkes, außerdem die Verkürzung der Ein- und Ausbauzeiten und das Wachsen der Stück-

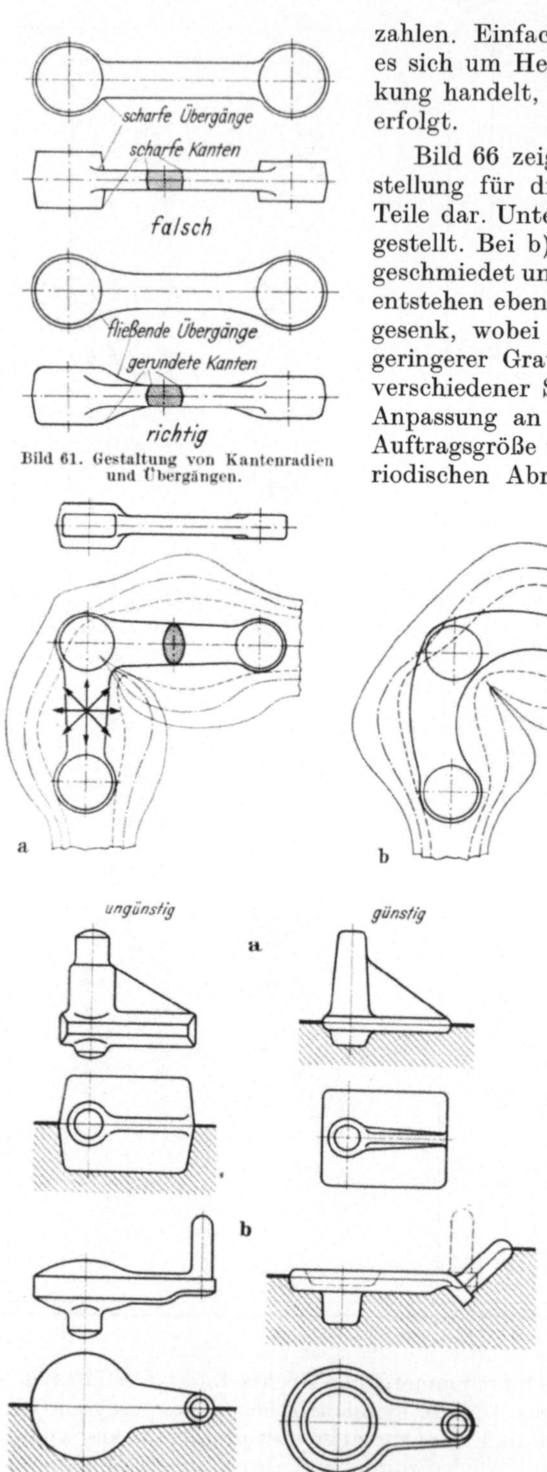

Bild 61. Gestaltung von Kantenradien und Übergängen.

Bild 62 a u. b. Gestaltung im Hinblick auf Stichbildung. a) Ungünstig; b) günstige Hebelform, wobei die Stichbildung im Grat liegt.

Bild 63. Bei richtiger Lage im Gesenk kann man die Bearbeitungszugaben sowohl an der Fußplatte (a) als auch an der Kurbel (b) wesentlich kleiner halten.

zahlen. Einfach ist die Zusammenfassung, wenn es sich um Hebel mit rechter oder linker Ablenkung handelt, was durch entsprechendes Biegen erfolgt.

Bild 66 zeigt eine wirtschaftliche Gegenüberstellung für die Formung zweier verschiedener Teile dar. Unter a) ist die Einzelschmiedung dargestellt. Bei b) werden zwei Teile als ein Stück geschmiedet und durch Sägen getrennt. Im Fall c) entstehen ebenfalls zwei Teile in einem Mehrfachgesenk, wobei der Sägeschnitt entfällt und ein geringerer Gratanfall entsteht. Die Anwendung verschiedener Schmiedeverfahren und damit die Anpassung an die Fertigform ist z. T. von der Auftragsgröße und unter Umständen von der periodischen Abrufquote (14tägig, monatlich) abhängig. Letztere sollte so groß sein, daß die Kosten für den Ein- und Ausbau der Werkzeuge sowie das Ausschußrisiko sich in tragbarer Höhe halten.

Bild 67 gibt folgende Möglichkeiten des Schmiedens wieder:

a) Schmieden unter dem Hammer quer zur Mittelachse und zur Faser. Die Bohrung bleibt voll, das Stückgewicht liegt am höchsten.

b) Schmieden in Richtung der Mittelachse in Faserrichtung. Vorgedornte Bohrung. Loch aufbohren. Unterschneidung (vgl. c) außen muß abgedreht werden.

c) Hier wird die Unterschneidung durch Verwendung eines dreiteiligen (Untergesenk zweiteilig) und damit sehr teuren Gesenkes geschmiedet.

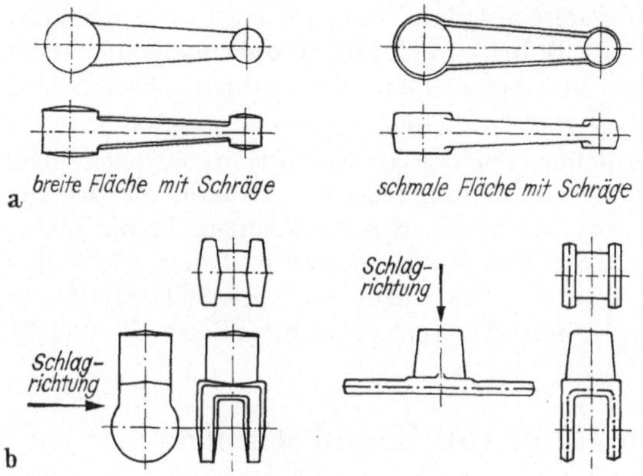

Bild 64 a u. b. Senkung der Fertigungskosten durch Änderung des
Gratverlaufs.
a) Gratnaht um 90° verlegt; b) zwei verschiedene Formverfahren
für eine Gabel.

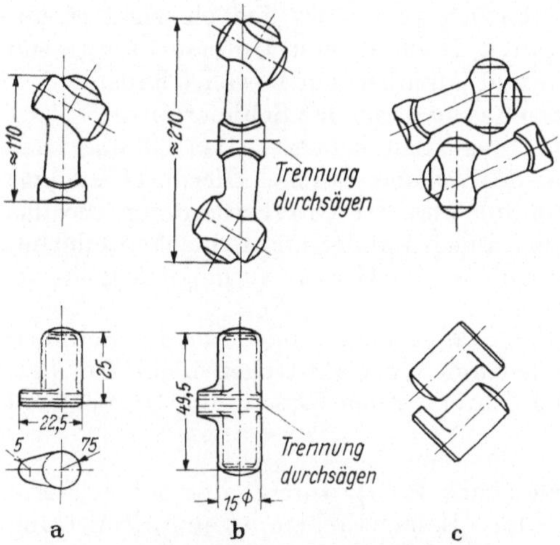

Bild 66 a – c. Unterschiedliche Fertigung zweier Teile durch
verschiedenartige Gesenkgestaltung.
a) Formung als Einzelstück; b) Formung als Doppelstück
mit anschließendem Trennen durch Sägeschnitt; c) Formung
zweier Einzelstücke in einem Mehrfachgesenk.

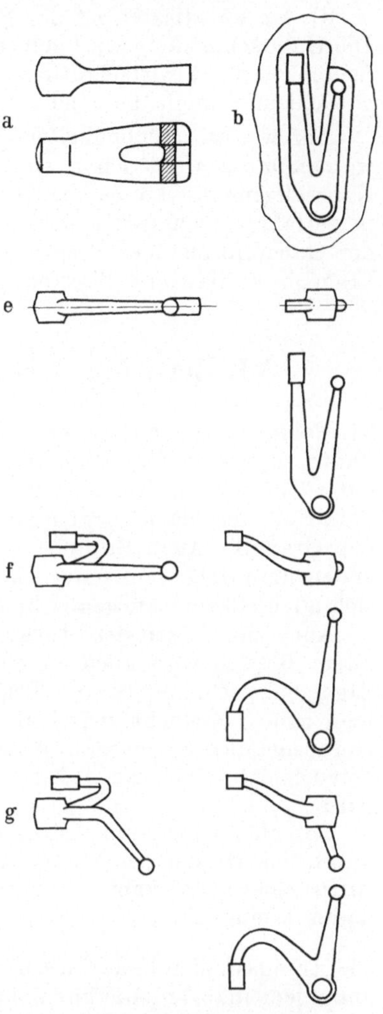

Bild 65 a – g. Fertigung eines mehrfach ge-
krümmten Hebels durch Gesenkformen und
anschließendes Biegen (nach HALLER).
a) Zwischenform zur Masseverteilung; b) im
Vorgesenk mit Grat gepreßt. Die geraden
Arme führen zu ebenen. einfachen Gesenken.
Die Gratfläche zwischen den Armen ist frei-
gefräst, damit sich der überschüssige Werkstoff dort sammeln kann. c) warm abgraten
(nicht gezeigt); d) fertigformen im Gesenk
(nicht gezeigt; e) warm abgegratetes, noch
ebenes Stück; f) biegen des einen Arms; g) biegen des zweiten Arms.

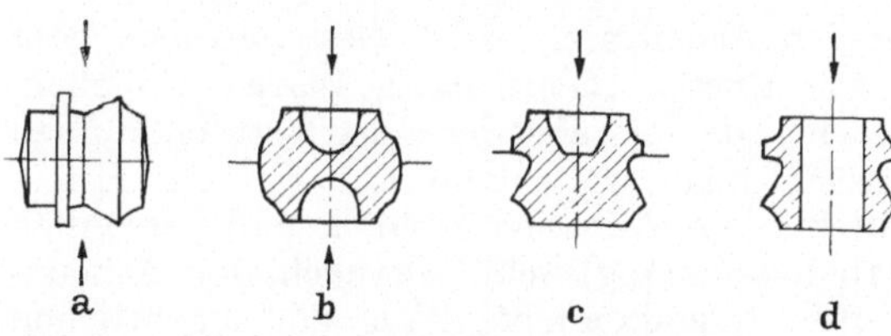

Bild 67 a – d. Verschiedene Möglichkeiten der Formung einer Nabe
(nach ERKENS).
a) Formpressen unter dem Fallhammer quer zur Faser, Bohrung
bleibt voll; b) Formpressen unter dem Fallhammer in Faserrichtung,
Bohrung vorgedornt, seitlicher Unterschnitt bleibt voll; c) wie b)
mit geteiltem Untergesenk; d) Formpressen auf der Waagerecht-
Stauchmaschine mit durchgelochter Bohrung.

d) Am günstigsten ist das Schmieden auf der Waagerecht-Stauchmaschine. Die Unterschneidung wird geformt, die Bohrung zylindrisch durchgelocht. Diese Schmiedeart ist wirtschaftlich, aber nur bei großen Stückzahlen. Das Stückgewicht und damit die mechanische Nacharbeit sind hier am geringsten.

Auf weitere Möglichkeiten, die schon bei der Konstruktion berücksichtigt werden müssen, ist schon an anderer Stelle hingewiesen (Abschn. 27 bis 29). Ganz allgemein wäre es begrüßenswert, wenn die Konstruktion mehr als bisher in verfahrenstechnischer Beziehung zwischen Konstrukteur und dem Hersteller der Gesenkformstücke besprochen würde. Dies würde auch die wirtschaftliche Frage, d. h. die Herstellkosten, günstig beeinflussen. (Weitere Beispiele s. [12]).

VI. Betrieb und Einrichtung von Gesenkschmieden

31. Schmierung der Gesenke während der Formung. Neben einer Reihe anderer Faktoren, wie der Gestalt der Gesenkoberfläche, der Zunderfreiheit des Schmiedegutes, bewirkt auch das Schmieren während der Formung eine Erhöhung der Standzeit. Die dazu verwendeten Schmiermittel bestehen aus Ölen und kolloidalem Graphit. Auch Bitumen wird gelegentlich verwendet, jedoch wirkt es unangenehm infolge seiner Geruchsbelästigung. Nach neueren Untersuchungen soll sich auch Glaspulver, gemischt mit Ton und Alkalien, gut bewährt haben.

Auch zum Lösen der Stücke aus der Gravur dient das Schmiermittel. Nach altem Brauch wird auch angefeuchtetes Sägemehl benutzt. Das Öl bzw. das Sägemehl verbrennt bei der Temperatur des warmen Stahls. Hierdurch erzeugt man eine Gasschicht zwischen dem Rohling und der Gravurwandung, die das Herausnehmen erleichtert. Außerdem lösen sich Zunder und Schlackenteilchen, deren leichte Entfernung durch Ausblasen aus der Gravur so möglich gemacht wird.

Gesenköl wird beim Arbeiten von der Stange angewendet, da der Schmied durch das Halten der Stange die Hände zum Sägemehlstreuen nicht frei hat. Allzu reiches Ölen kann zur Verkrustung führen. Auch Risse in der Gravur sind dadurch möglich.

32. Arbeitsstudien in der Gesenkschmiede (nach Refa). Infolge der hohen Fertigungsgemeinkosten, die in einem Schmiedebetrieb entstehen, ist eine Ermittlung von Vorgabezeiten unbedingt empfehlenswert. Hierzu dienen die Arbeits- und Zeitstudien nach Refa (Reichsausschuß für Arbeitsstudien). Sie erfolgen, wenn der Arbeitsablauf in allen Einzelheiten festliegt und vom Ausführenden beherrscht wird. Dabei sind natürlich die Verhältnisse an den einzelnen Arbeitsplätzen zu berücksichtigen.

Eine genaue Arbeitsplanung für den Arbeitsgang, z. B. Gesenkformen vom Stück, legt die Arbeitsstufen fest wie Rüsten (Einrichten), Wärmen, Ziehen, Vorformen, Fertigformen und Abrüsten. Die vorstehenden Arbeitsstufen können noch in die verschiedenen Arbeitsverrichtungen weiter unterteilt werden. Hinzu kommen die sogenannten Verteilzeiten. Diese können sachlich und persönlich bedingt (arbeitsunabhängig und arbeitsabhängig) sein. Je nach der Arbeitsschwere werden noch Erholungszeiten hinzukommen. Aus der eigentlichen Grundzeit t_g (Behandlungszeit), den Verteilzeiten t_v sowie den Erholungszeiten t_{er} setzt sich demnach die Vorgabezeit t_e entsprechend Bild 68 zusammen.

Die meist im Leistungslohn vergebenen Rüstzeiten umfassen das Holen und Einbauen der Werkzeuge (Gesenke und Abgratschnitte), das Ausprobieren, das

Anwärmen von Werkzeug und Material, das Schlagen von Probestücken, das Nachprüfen und zum Schluß der Fertigung das Ausbauen der Werkzeuge und das Säubern der Maschine (Hammer, Presse). Die allgemeinen Verhältnisse im Betrieb sowie an der einzelnen Arbeitsstelle, die Hilfsmittel, insbesondere die vorhandenen Transportmittel spielen dabei eine maßgebliche Rolle, wobei man zwischen Reckhämmern, Gesenkhämmern, Gesenkschmiedepressen, Waagerecht-Schmiedepressen und Abgratpressen unterscheiden muß. Auch die Anzahl der erforderlichen Leute beim Einbau der z. T. sehr schweren Gesenke ist verschieden. Man muß dabei mit einer bis fünf Arbeitskräften rechnen.

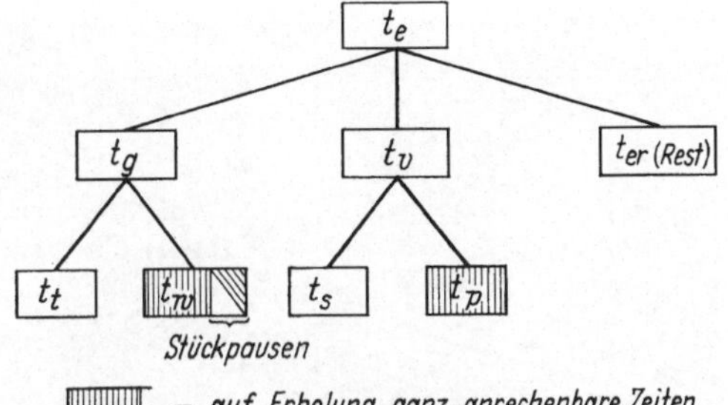

Bild 68. Aufteilung der Zeit je Einheit t_e unter Berücksichtigung von Erholungszeiten [aus Werkstatttechnik 49 (1959) H. 6, S. 355]. t_t Tätigkeitszeit; t_w Wartezeit; t_s sachliche Verteilzeit; t_p persönliche Verteilzeit.

Zum genauen Studium werden die Refa-Mappe „Schmieden" [19] und die Untersuchungen des Max-Planck-Institutes für Arbeitsforschung in Dortmund empfohlen [36].

33. Fördermittel in Gesenkschmieden. Nicht zu unterschätzen sind die beim internen Werkstransport sich ergebenden Kosten. Sie entstehen durch die Lieferung des Rohmaterials, die Verteilung der Abschnitte als Einsatz an die Öfen, den Transport der Zwischenformen und Fertigstücke, dem Abtransport des Schrottes sowie der Heranschaffung der Gesenke und Abgratwerkzeuge zu Hammer und Presse.

Die Fördermittel wie Kran, Elektrostapler, Rollgänge, Rutschen, Förderbänder u. a. sind so vielseitig, daß ihr Einsatz wohlüberlegt sein muß [20].

34. Automatisierung in Schmiedebetrieben. Da der Einsatz von fachkundigen Arbeitskräften bei den hohen Anforderungen wie auch harten Arbeitsbedingungen im Warmbetrieb ein schwieriges Problem darstellt, sind die Bestrebungen zur Automatisierung im Fortschreiten begriffen.

Für kleine Formteile, aus Stangen angefertigt, benutzt man *Schmiedeautomaten*. Die Stange wird zwischen Spannzangen am vorderen Ende induktiv erwärmt. Danach um eine bestimmte Länge automatisch in ein Vorgesenk vorgeschoben, wo mit einigen Schlägen die Vorformung erfolgt. Ein weiteres Vorschieben führt das vorgeschmiedete Teil in das Fertiggesenk ein. Unterdessen ist ein weiterer Abschnitt erwärmt worden, der nun in das Vorgesenk, gleichzeitig mit Vorrücken in das Fertiggesenk, eintritt. Das Fertigschmieden wird ebenfalls mit einigen Schlägen durchgeführt. Durch weiteres Vorrücken wird das Fertigstück ausgefahren und von der Stange getrennt. Da sich um die Teile, meist mehrere, ein Grat gebildet hat, muß dieser, wie bei kleinen dünnen Schmiedestücken üblich, kalt entfernt werden. Durch das Arbeiten auf Schmiedeautomaten erzielt man eine hohe Mengenleistung, was auch schon bei dem erwähnten Mehrfachschmieden (vgl. Abschn. 13) angestrebt wurde.

Überall zeigen sich in den Gesenkschmieden besonders bei den Transporteinrichtungen, der Zubringung der Einsatzstücke, der Zwischenformen fortschrittliche Neuerungen wie Förder- und Rollenbänder. Als Beispiel einer vollselbsttätigen Werkstückhandhabung zeigt Bild 69 eine Reckwalze mit Manipulator, der alle Längs- und auch die Querbewegungen zu den verschiedenen Stichen automatisch ausführt. Bild 70 zeigt eine Senkrecht-Stauchmaschine mit Schrägaufzug für die Werkstückzuführung.

So wünschenswert beim eigentlichen Schmieden die Automatisierung auch erscheint, so ergeben sich doch beachtliche Schwierigkeiten für das reibungslose Funktionieren von Steuer- und Regeleinrichtungen, die in den Gesamtablauf mit Trennen, Wärmen, Vorformen, Fertigformen, Abgraten, Wärmebehandeln und Kontrollieren eingesetzt werden müssen, infolge der nicht vermeidbaren Erschütterungen. Bei Hämmern wird eine Vollautomatisierung deswegen kaum möglich sein, bei Pressen schon eher, insbesondere dann, wenn die Stückzahlen hoch genug sind, um die hohen Investitionskosten zu rechtfertigen. Wesentlich wird auch das Arbeiten im Takt zwischen Erwärmungsanlage und Umformmaschine sein.

Bild 69. Reckwalze mit selbsttätig gesteuertem Manipulator (Hasenclever).

Als Beispiel einer weitgehenden Automatisierung bei der Herstellung von Gesenkformstücken mit einem Einsatzgewicht von 0,5 bis 3,0 kg sei die Arbeitsweise einer automatischen Mehrstufen-Warmpresse ange-

Bild 70. Senkrecht-Elektrostauchmaschine mit Schrägaufzug für die Werkstückzuführung (Hasenclever).

Bild 71. Blick in den Arbeitsraum der automatisch arbeitenden Mehrstufen-Warmpresse Hotmatic AMP 70 mit einer Abscher- (links) und vier Umformstationen (Hasenclever).

führt. Bild 71 zeigt einen Blick in den Arbeitsraum. Die Nennpreßkraft der Maschine beläuft sich auf 1200 Mp. Für die Überwachung sind zwei Mann erforderlich. Die Umformung refolgt nach dem Abscheren des stangenförmigen Ausgangsmaterials in den vier erkennbaren Stationen. Das in üblicher Weise erwärmte Material wird, wie Bild 72 zeigt, von Station zu Station fortschreitend geformt und zwar abscheren, stauchen, planpressen, fertigformen, stanzen. In den aufeinander folgenden geschlossenen Gesenken wird das Teil ohne Grat, Gesenk- und Dornschrägen geformt. Infolge der Verteilung der Umformkräfte auf die verschiedenen Stationen werden die einzelnen Formwerkzeuge nur gering belastet und somit

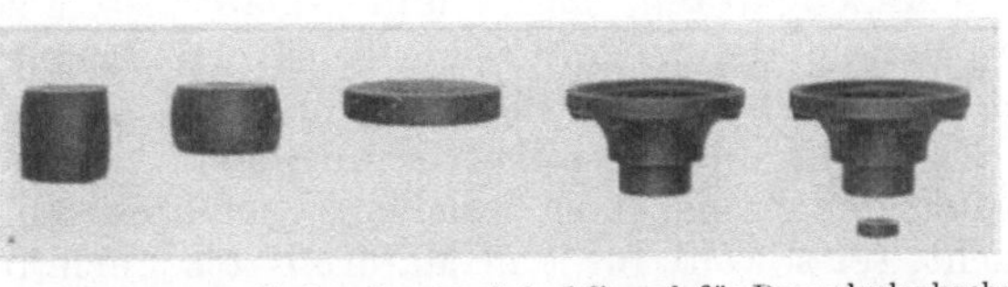

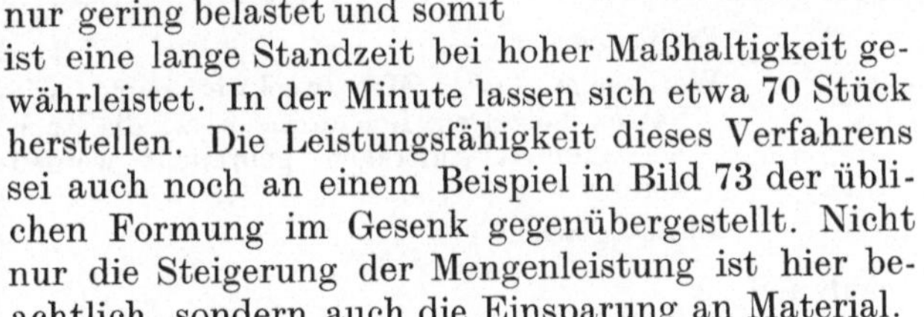

Bild 72. Automatisch geformter Gelenkflansch für Doppelgelenkachse. Arbeitsfolge von links nach rechts: abscheren des Rohlings, stauchen, planpressen, formpressen, durchlochen. Einsatzgewicht 965 g, Abfall 40 g, Mengenleistung 70 Stück je Minute (Werkfoto Hatebur, Basel)

ist eine lange Standzeit bei hoher Maßhaltigkeit gewährleistet. In der Minute lassen sich etwa 70 Stück herstellen. Die Leistungsfähigkeit dieses Verfahrens sei auch noch an einem Beispiel in Bild 73 der üblichen Formung im Gesenk gegenübergestellt. Nicht nur die Steigerung der Mengenleistung ist hier beachtlich, sondern auch die Einsparung an Material.

Interessant ist auch noch die auf diesen Mehrstufenpressen mögliche Art des Kombinationsschmiedens (Bild 74), wo zwei verschiedene Teile in einem Arbeitsgang geformt werden können.

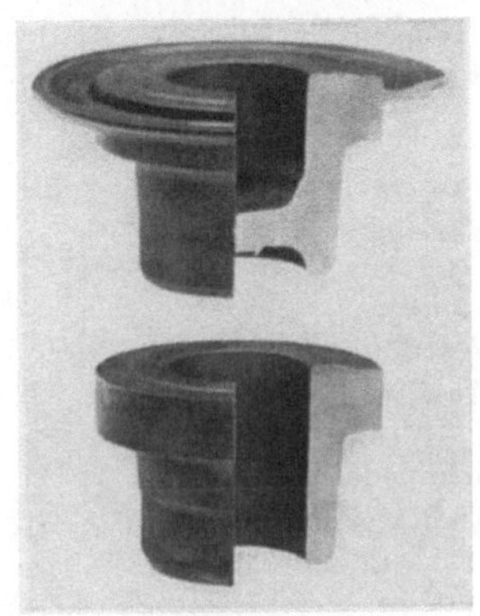

35. Kostenrechnung. Auf eine exakte Kostenrechnung in der Gesenkschmiede soll hier nicht eingegangen werden. Für den Besteller von Schmiedestücken erscheinen jedoch einige Hinweise zweckmäßig.

Bild 73. Vergleich der Gestaltung und der Fertigungskosten bei handgesteuerter (oben) und automatischer (unten) Gesenkformung ohne Grat. Werkstoffeinsparung 25% bei etwa 10facher Mengenleistung (6 Stück je Minute gegen 65) (Werkfoto Hatebur, Basel).

Der Preis eines Gesenkformstückes beim Angebot ergibt sich aus der Summe aller Kostenbestandteile, die durch die Vorkalkulation ermittelt wurden. Wesentlich war hierbei eine bestimmte Angebotsmenge und möglicherweise die Größe der Abrufquote in bestimmten Zeitabschnitten. Bei kleinen Stückzahlen ist der Angebotspreis höher als bei großen und zwar dadurch bedingt, daß die *festen Rüstkosten*, d. h. Ein- und Ausbauen der Werkzeuge (Gesenke und Abgratwerkzeuge), sowie das Vorwärmen der Gesenke gleichbleibende Höhe besitzen.

Bild 74. Zwei automatisch in Kombination geformte Teile. Arbeitsfolge: abscheren des Rohlings, stauchen, planpressen, formpressen, durchlochen und trennen beider Werkstücke. Einsatzgewicht 1660 g, Abfall 21 g, Mengenleistung 140 (= 70 + 70) Stück je Minute (Werkfoto Hatebur, Basel).

Außerdem ergeben sich sogenannte *Anlaufkosten*, die bis zur Erreichung einer bestimmten Bestzeit in der Fertigung aufgewendet werden müssen. Sie sind abhängig vom Werkstoff, sowie von der Gestalt und der Größe des Werkstückes.

Bei kleineren Mengen ist der Prozentsatz des Ausschusses (*Ausschußwagnis*) ebenfalls höher. Einmal handelt es hier um Fehler, die im eigenen Betrieb verursacht wurden als auch um Mängelrügen des Kunden. Der Ausschuß selbst ist abhängig von der Stückzahl, der Schwierigkeit der Gestalt, dem Stückgewicht, der Werkstoffart und den Anforderungen an die Ausführung. Die Mängelrügen sind in den Technischen Lieferbedingungen DIN 7521 Absatz 5 festgelegt.

Werkzeugkosten, Rüst- und Anlaufkosten sowie Ausschußwagnis ergeben eine Summe, die neben den übrigen Kostenbestandteilen auf die jeweils zu fertigenden Stückzahlen umzulegen sind.

Da häufig die Gegenüberstellung des Freiformens und des Gesenkformens zur Lösung der Frage, nach welchem Verfahren die Herstellung erfolgen soll, auftaucht, sei sowohl für den Material- als auch für den Lohnaufwand ein Vergleich angeführt. Bild 75 zeigt einen Vergleich gegen das Gießen.

Materialaufwand für

Gesenkformstück	Freiformstück
Gesenke, Abgratwerkzeuge (an das Teil gebunden, je nach Auftragsmenge oft mehrere Sätze)	Werkzeuge (als Mehrzweckwerkzeuge wie Sättel, Setzeisen, Lochdorne u. a., die auch bei anderen Aufträgen gebraucht werden können)
Einsatzgewicht	Einsatzgewicht

Lohnaufwand für

Gesenkformstück	Freiformstück
Werkzeuganfertigung (je Auftrag immer)	Werkzeuganfertigung (nur wenn erforderlich, s. o., Kostenverteilung auf mehrere Aufträge)
Schmieden	Schmieden
Nachbearbeitung	Nachbearbeitung

	gesenk-geformt	frei-geformt	Stahlguß
Materialkosten	20,—	27,—	21,—
Herst.-K. rohes Stück	10,—	18,—	8,—
Herst.-K. fertig bearb.	18,—	42,—	50,—
Gesamt	48,—	87,—	79,—
Werkzeugkosten	Gesenk 1500,—		Modell 120,—

Bild 75. Vergleich der Materialkosten und Werkzeugkosten bei Fertigung durch Gießen oder Umformen.

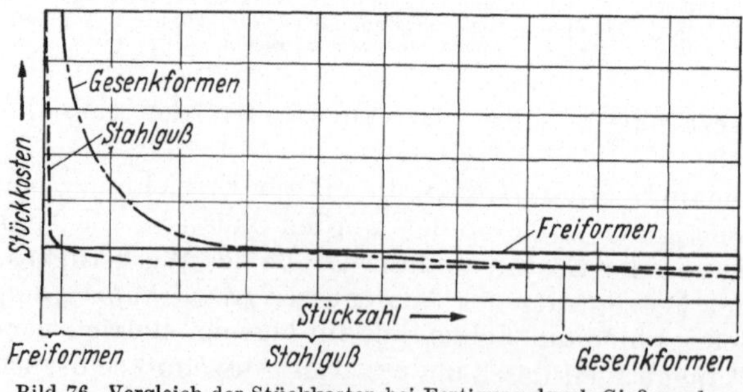

Bild 76. Vergleich der Stückkosten bei Fertigung durch Gießen oder Umformen.

Wenn auch jeweils von Fall zu Fall nur eine Entscheidung getroffen werden kann (Bild 76), wobei meist die geringe Stückzahl und ein hohes Stückgewicht für ein Freiformen spricht, so ist trotz des Material- und Arbeitsbedarfes für die Werkzeuge dem Gesenkformen bei großen Stückzahlen und begrenztem Einzelgewicht der Vorzug zu geben. Besonders hervorgehoben seien noch die engeren Toleranzen und die sauberen Oberflächen, wenn das Stück weitgehend unbearbeitet bleibt, außerdem noch das geringere Einsatzgewicht.

Wenn auch im allgemeinen erst eine hohe Stückzahl das Gesenkformen wirtschaftlich rechtfertigt, so hat sich doch in bestimmten Fällen diese Ansicht geändert.

Einmal wird die Werkstoffverbesserung, die durch das Schmieden ganz allgemein gegeben ist, infolge der erhöhten Anforderungen auch höher bewertet. Die Meinung, daß nur bei großen Stückzahlen die anteiligen

Werkzeugkosten für Gesenk und Abgratwerkzeug eine vertretbare Höhe aufweisen dürfen, steht nicht mehr so sehr im Vordergrund. Saubere und maßhaltige Teile ohne aufwendige Nacharbeit bei günstigem Faserverlauf in Richtung der Hauptbeanspruchung erscheinen heute wichtiger.

Bei der Betrachtung von Kosten und Preisen gilt eines immer: das Fertigstück muß billig sein. Dabei dürfen die Schmiedekosten hoch sein, wenn dadurch die Nacharbeitskosten so weit sinken, daß die Gesamtkosten für das fertigbearbeitete Stück niedriger werden.

Schrifttum

Bücher

[1] BLECKMANN, C.-E.: Die Härterei, Einrichtung und Betrieb, 7. Aufl., Werkstattbücher H. 8, Berlin/Heidelberg/New York: Springer 1969.

[2] BRUCHANOW, A. N., u. A. W. REBELSKI: Gesenkschmieden und Warmpressen, Berlin: VEB Verlag Technik 1955.

[3] DUESING, F. W., u. A. STODT: Freiformschmiede, I. Teil: Grundlagen, Werkstoffe der Schmiede, Technologie des Schmiedens, 4. Aufl., Werkstattbücher H. 11, Berlin/Göttingen/Heidelberg: Springer 1954 (vgl. [21]).

[4] ESCHELBACH, R.: Taschenbuch der metallischen Werkstoffe, Stuttgart: Franckh'sche Verlagshandlung 1969.

[5] FISCHER, O.: Praktische Wärmebehandlung, Hagen: Verband Deutscher Gesenkschmieden 1967.

[6] GENTZSCH, G.: Fortschritte des Kaltstauchens, Fließpressens und Massivprägens. Literaturbericht und Bibliographie, Düsseldorf: VDI-Verlag 1968.

[7] GENTZSCH, G.: Umformtechnik, Dissertationsreferate 1945 bis 1967, Düsseldorf: VDI-Verlag 1968.

[8] GRÖNEGRESS, H. W.: Brennhärten, 3. Aufl., Werkstattbücher H. 89, Berlin/Göttingen/Heidelberg: Springer 1962.

[9] GUBE: Schmiedehämmer, Berechnung und Konstruktion, Berlin: VEB Verlag Technik 1960.

[10] HALLER, H., u. H. KAESSBERG: Kosten- und Leistungsrechnung in der Gesenkschmiede, Hagen: Schmiedeausschuß ADB-VDI 1952.

[11] HÖHNE, E.: Induktionshärten, Werkstattbücher H. 116, Berlin/Göttingen/Heidelberg: Springer 1955.

[12] Konstruktionsfibel, Hagen: Verband Deutscher Gesenkschmieden, 1969. Sonderdruck aus Konstruktion 21 (1969) H. 4, S. 130/37.

[13] LANGE, K.: Gesenkschmieden von Stahl, Berlin/Göttingen/Heidelberg: Springer 1958.

[14] LANGE, K.: Die Fertigungsbelange des Gesenkschmiedens und ihre wissenschaftliche Weiterentwicklung, Berlin/Göttingen/Heidelberg: Springer 1957.

[15] LUEGER, Lexikon der Technik, Bd. 5: Lexikon der Hüttentechnik, Stichwort: Schmiedetechnik, Stuttgart: Deutsche Verlags-Anstalt 1963.

[16] MALMBERG, W.: Glühen, Härten und Vergüten des Stahles, 7. Aufl., Werkstattbücher H. 7, Berlin/Göttingen/Heidelberg: Springer 1961.

[17] MÜLLER, E.: Hydraulische Schmiedepressen, Bd. I (1952) und Bd. II (1955), Berlin/Göttingen/Heidelberg: Springer.

[18] PETER, A.: Das Pressen und Gesenkschmieden der Nichteisenmetalle, 2. Aufl., Werkstattbücher H. 41, Berlin/Göttingen/Heidelberg: Springer 1955.

[19] Refa-Mappe „Schmieden", München: Hanser 1959. Erweiterung 1965.

[20] RIEGE, W.: Fördermittel in Gesenkschmieden, Hagen: Verband Deutscher Gesenkschmieden 1966.

[21] STODT, A.: Freiformschmiede, II. Teil: Konstruktion und Ausführung von Schmiedestücken (Schmiedebeispiele), 3. Aufl., Werkstattbücher H. 12, Berlin/Göttingen/Heidelberg: Springer 1950 (vgl. [3]).

[22] v. WEDEL, E.: Die geschichtliche Entwicklung des Umformens in Gesenken, Düsseldorf: VDI-Verlag 1960.

Zeitschriftenaufsätze und Berichte

[23] Der gegenwärtige Stand der Umformtechnik. Techn. Rundsch. Sonderdruck Nr. 36, Bern 1959.

[24] Berichte zu den Internationalen Gesenkschmiedetagungen. Verband Deutscher Gesenkschmieden, Hagen.

[25] Konstruieren mit Leichtmetall. Druckschrift der Metallwerke O. Fuchs, Meinerzhagen 1966.

[26] Schmiedetechnische Mitteilungen. Bis 1953 herausgegeben vom Schmiedeausschuß ABD-VDI, von 1954 bis 1965 als Sonderteil in der Werkstattstechnik, ab 1966 im Industrie-Anzeiger.

[27] VATER, M., u. G. NEBE: Über die Spannungs- und Formänderungsverteilung beim Stauchen. VDI-Fortschr.-Ber. Nr. 5, VDI-Z. 1965.

[28] LINDNER, H.: Massivumformen von Stahl zwischen 600 und 900 °C. „Halbwarmschmieden". VDI-Fortschr.-Ber. Nr. 7, VDI-Z. 1966.

[29] KURSETZ, E.: Fertigung von Aluminium-Feinschmiedeteilen. Maschinenmarkt 74 (1968) Nr. 93, S. 1776.

[30] Gesenkschmiedestücke — wirtschaftlich hergestellt. Maschinenmarkt 74 (1968) Nr. 93, S. 1779.

[31] ZÜNKLER, B.: Gesichtspunkte für das Gestalten von Gesenkschmiedestücken. Konstruktion 14 (1962) 274.

[32] WUTTKOWSKI, H.: Gesenkschmieden. Maschinenmarkt 74 (1968) Nr. 57, S. 1136.

[33] KAESSBERG, H.: Die Bedeutung von Refa, insbesondere für das Gesenkschmieden. Schmiedetechn. Mitt., Werkstattstechnik 49 (1959) 109.

[34] ROTHWEILER, K.: Der Refa-Zeitaufnahmebogen für das Gesenkschmieden. Schmiedetechn. Mitt., Werkstattstechnik 49 (1959) 354.

[35] VAN KANN, H.: Der Einfluß der Verformungsbedingungen beim Gesenkschmieden auf die mechanischen Eigenschaften von Gesenkschmiedestücken aus Titan-Legierungen. TZ für praktische Metallbearbeitung 1967. Sonderdruck 513 Metallwerke O. Fuchs, Meinerzhagen.

[36] Untersuchungsberichte des Max-Planck-Institutes für Arbeitsforschung, Dortmund.

[37] KIENZLE, O.: Maßtoleranzen umgeformter Werkstücke, Beispiel: Gesenkschmieden von Stahl. Wt–Z. ind. Fertig. 59 (1969) 257.

[38] CHAMOUARD. A.: Ausbildung von mittleren Führungskräften für die Gesenkschmieden in Frankreich. Bericht auf der V. Intern. Gesenkschmiede-Tagung, Okt. 1965 München. ESCHELBACH, R: Korreferat: Die Ausbildung in der Bundesrepublik.

[39] Berufsbilder für Schmied u. Gesenkschmied, Bertelsmann Verlag KG, Bielefeld.

Blattsammlungen

DIN 1749 Gesenkschmiedestücke aus Aluminium
       Bl. 1 Festigkeitseigenschaften
       Bl. 2 Technische Lieferbedingungen
       Bl. 3 Gestaltung
       Bl. 4 zulässige Abweichungen
DIN 7520 Schmiedestücke aus Stahl, Technische Richtlinien für Lieferung, Gestaltung und Herstellung; Übersicht, Begriffe
DIN 7521 —, —; technische Lieferbedingungen
DIN 7522 —, —; allgemeine Gestaltungsregeln nebst Beispielen
DIN 7523 Bl. 1 —, —; Gestaltung von Gesenkschmiedestücken, Richtlinien für Schmiedestückzeichnung
       Bl. 2 —, —; —, Mindestwanddicken verschiedener Querschnittsformen
       Bl. 3 —, —; —, Bearbeitungszugaben, Rundungen, Seitenschrägen
DIN 7524 Bl. 1 —, —; Gesenkschmiedestücke, zulässige Abweichungen für Dicke, Breite und Länge
       Bl. 2 —, —; —, zulässige Abweichungen für Krümmungen
       Bl. 3 —, —; —, zulässige Abweichungen für Gratansatz, Gesenkversatz
       Bl. 4 —, —; —, zulässige Gewichtsabweichungen an Stelle von Maßabweichungen
DIN 7525 Bl. 1 —, —; gesenkgeschmiedete, schmiedemaschinengestauchte und gewalzte Ringe
       Bl. 2 —, —; schmiedemaschinengestauchte und gesenkgeschmiedete Buchsen
       Bl. 3 —, —; Kettenbolzen und Schakenbuchsen, zulässige Abweichungen

DIN 7526 —, Toleranzen und zulässige Abweichungen für Gesenkschmiedestücke
DIN 7527 Bl. 1 —, technische Richtlinien für Lieferung, Gestaltung und Herstellung;
          freiformgeschmiedete Scheiben
       Bl. 2 —, —; freiformgeschmiedete Lochscheiben
       Bl. 3 —, —; nahtlos freiformgeschmiedete Ringe
       Bl. 4 —, —; nahtlos freiformgeschmiedete Buchsen
       Bl. 5 —, —; freiformgeschmiedete gerollte und geschweißte Ringe
       Bl. 6 —, —; geschmiedete Stäbe
DIN 7528 —, —; Behandlung von Schmiedestücken
DIN 8583 Bl. 4 Fertigungsverfahren, Druckumformen. Gesenkformen. Unterteilung. Begriffe
DIN 9005 Bl. 1 Gesenkschmiedestücke aus Magnesium; technische Lieferbedingungen
       Bl. 2 —; Gestaltung
       Bl. 3 —; zulässige Abweichungen
DIN 9890 Waagerecht-Schmiedemaschinen, Größen, Werkzeugabmessungen
DIN 9891 Freiform-Schmiedepressen, einstufig
DIN 9892 —; dreistufig
DIN 9893 Einständerpressen
DIN 9894 Hydraulische Abgratpressen
DIN 17673 Bl. 1 Gesenkschmiedestücke aus Kupfer und Kupfer-Knetlegierungen; Festigkeitseigenschaften
       Bl. 2 —; technische Lieferbedingungen
       Bl. 3 —; Gestaltung
       Bl. 4 —; zulässige Abweichungen
DIN 55150 Freiform-Schmiedehämmer, Einständer, Lufthämmer, Baugrößen
DIN 55151 —, Einständer-Oberdruckhämmer, Baugrößen
DIN 55152 —, Zweiständer-Oberdruckhämmer, Baugrößen
DIN 55157 Gesenkschmiedehämmer, Zweiständer-Oberdruckhämmer, Baugrößen
DIN 55158 —, Gegenschlaghämmer, Baugrößen
DIN 55159 Bl. 1 —, Riemenfallhämmer, Baugrößen
       Bl. 2 —, —, Riemen- und Riemenscheibenabmessungen
DIN 55160 —, Brettfallhämmer, Baugrößen

VDI-Richtlinien:

VDI 3132 Induktives Erwärmen für das Warmumformen
VDI 3137 Begriffe und Formelzeichen der Umformtechnik, Allgemein
VDI 3170 Kalteinsenken von Werkzeugen
VDI 3172 Flachprägen
VDI 3178 Kaltrundkneten massiver und rohrförmiger Werkstücke
VDI 3181 Oberflächenbehandlung von Schmiedegesenken
VDI 3182 Riemen für Fallhämmer
VDI 3183 Befestigung von Schmiedewerkzeugen in Hämmern und Pressen
VDI 3184 Schmieden in Waagerecht-Stauchmaschinen
VDI 3200 Bl. 1 Fließkurven metallischer Werkstoffe, Grundlagen und Anwendung
       Bl. 2 —, unlegierte und legierte Stähle
       Bl. 3 —, Nichteisenmetalle

Werkstattblätter (Hanser-Verlag, München):

180/181/182 Ermittlung des Einsatz- und Kontingentgewichtes von Gesenkschmiedestücken
            aus Stahl
345 Kaltstauchen
392 Gesenkschmieden I
393 Gesenkschmieden II

Sachverzeichnis

Werkstattbücher

Kurzgefaßte Einzeldarstellungen über
Grundlagen, wissenschaftliche Erkenntnisse, praktische Erfahrungen
aus den Gebieten

Fertigungsverfahren; Werkzeugmaschinen, ihre Antriebe und Steuerungen;
Werkzeuge; Werkstoffe; Messen und Prüfen; Betriebsorganisation

Verzeichnis der bei Erscheinen dieses Heftes lieferbaren und der in Vorbereitung befindlichen Titel

Bei gleichzeitigem Bezug von 10 beliebigen Heften ermäßigt sich der Heftpreis um 20%